ISBN 978-1-332-36433-6
PIBN 10342651

Forgotten Books is a registered trademark of FB &c Ltd.
Copyright © 2015 FB &c Ltd.
FB &c Ltd, Dalton House, 60 Windsor Avenue, London, SW19 2RR.
Company number 08720141. Registered in England and Wales.

For support please visit www.forgottenbooks.com

1 MONTH OF
FREE
READING

at
www.ForgottenBooks.com

By purchasing this book you are eligible for one month membership to ForgottenBooks.com, giving you unlimited access to our entire collection of over 700,000 titles via our web site and mobile apps.

To claim your free month visit:
www.forgottenbooks.com/free342651

Similar Books Are Available from
www.forgottenbooks.com

HÖHERE
EISENBAHNKUNDE.

ZUM GEBRAUCHE FÜR

AUSÜBENDE EISENBAHN-INGENIEURE UND ALLE DIE AN
TECHNISCHEN HOCHSCHULEN SICH ZU SOLCHEN
HERANBILDEN.

———

ERSTER BAND.

DIE MATERIALIEN AUS EISEN UND STAHL.

VON

M. POLLITZER

OBER-INGENIEUR UND INSPECTOR DER ÖSTERR.-UNGAR. STAATS-EISENBAHN-
GESELLSCHAFT IN WIEN.

———

MIT 147 HOLZSCHNITTEN UND 10 TAFELN.

———

WIEN 1887.

SPIELHAGEN & SCHURICH

VERLAGSBUCHHANDLUNG

I. KUMPFGASSE 7.

DIE

MATERIALIEN AUS EISEN UND STAHL

FÜR

EISENBAHNZWECKE.

HERSTELLUNG UND VERWENDUNG DERSELBEN

MIT RÜCKSICHT AUF

DIE BESTIMMUNGEN DES VEREINES DEUTSCHER

EISENBAHN-VERWALTUNGEN.

VON

M. POLLITZER

OBER-INGENIEUR UND INSPECTOR DER ÖSTERR.-UNGAR. STAATS-EISENBAHN-
GESELLSCHAFT IN WIEN.

MIT 147 HOLZSCHNITTEN UND 10 TAFELN.

WIEN 1887.

SPIELHAGEN & SCHURICH

VERLAGSBUCHHANDLUNG

I. KUMPFGASSE 7.

Vorwort.

Gleich der Wolke aus Rauch und Dampf, welche dem mit
Windeseile seinem Ziele zustrebenden Eisenbahnzuge entströmt,
folgt demselben, wohl unsichtbar, aber doch vorhanden, eine
Wolke von Eisenatomen, entstanden durch die Abnützung der
Räder, Schienen und der sonstigen Bestandtheile.

Rastlos wie der heutige Eisenbahnverkehr, geht diese
natürliche Abnützung täglich, stündlich vor sich, nimmt mit
der Geschwindigkeit und der Belastung der Fahrzeuge zu, mit
der Güte der Materialien ab, ist aber keineswegs so unbedeutend, als man anzunehmen geneigt wäre, denn auf diese Weise
verschwinden jährlich auf den deutschen Bahnen allein, dem
Gewichte nach ungefähr 5000 Stück Räder, nebst diesen noch
viele Schienen, Achsen und sonstige Bestandtheile spurlos in
den Lüften.

Und wenn dies schliesslich die ganze Abnützung wäre,
so wäre dieselbe noch erträglich, dadurch aber, dass dieselbe
nicht gleichmässig auftritt, verlieren z. B. die Räder ihre Run-
dung, müssen zufolge dessen neuerdings rund gedreht werden,
wobei der Verlust grösser ist als jener, der durch die Abnützung entstand. Aehnlich verhält es sich mit den Schienen.
Um die noch gut erhaltene Schiene zu schützen, muss die
benachbarte, abgenützte entfernt werden.

Zu allem diesen treten aber noch jene, ich möchte sagen,
unvorgesehenen Verluste hinzu, die in ungeeigneter Wahl der
Materialien, in fehlerhafter Construction oder schlechter Fabrikation der Bestandtheile ihren Grund haben und die den Eisenbahnverwaltungen oft die grössten Auslagen verursachen.

Auf diese Weise und durch die Massenhaftigkeit der im Betriebe stehenden Materialien sehen sich die Eisenbahnverwaltungen jährlich vor eine bedeutende Summe von Abgängen gestellt, die zu beheben es namhafter Geldopfer erfordert.

Diesem entgegen wachsen aber noch immer die Ansprüche an die Wohlfeilheit und Geschwindigkeit des Transportes bei stets zunehmender Concurrenz der Bahnen untereinander.

Dass es unter diesen Umständen Pflicht eines jeden Eisenbahn-Ingenieurs ist, die Eigenschaften der am häufigsten im Eisenbahnbaue vorkommenden Materialien, besonders mit Rücksicht auf ihre Verwendungseignung zu kennen oder kennen zu lernen, ihre Erzeugung und zweckmässige Verarbeitung, insoferne sie vom hauptsächlichsten Einflusse auf die Dauerhaftigkeit und Festigkeit derselben sind, zu studiren, um diese Kenntnisse in seinem Berufe mit Vortheil anzuwenden, dürfte allgemein anerkannt werden.

In neuerer Zeit haben die epochemachenden Versuche und die daraus abgeleiteten Gesetze Wöhler's, ferner die Publicationen des Vereines der deutschen Eisenbahnverwaltungen den kräftigsten Impuls zu diesen Studien gegeben. Ein grosses Verdienst hat sich der Verein der Techniker der deutschen Eisenbahnen in dieser Richtung erworben durch die Aufstellung der Classification des Eisens, welche es ermöglicht, Materialien verschiedener Fabrikationen zu vergleichen und einheitlich bei Prüfung derselben vorzugehen.

Dies waren die anregenden Gedanken und Erwägungen, welche mich veranlassten, dieses Werk zu verfassen und der Oeffentlichkeit zu übergeben. Dasselbe soll dem Eisenbahntechniker das Studium der Materialien vereinfachen. Insoferne als die Früchte dieser Studien den höheren Zwecken der guten Eisenbahnverwaltungen, der Oekonomie und der Betriebssicherheit in erster Linie zu gute kommen, habe ich diesem Buche den Titel **„Höhere Eisenbahnkunde"** beigelegt.

Der hier veröffentlichte erste Theil der Eisenbahnkunde behandelt die Fabrikation der Materialien, aus denen alle Bestandtheile der Fahrbahn und die meisten der Fahrzeuge hergestellt werden, nämlich die Fabrikation des Eisens und des Stahles, ferner die Erzeugung, Prüfung und Uebernahme der Schienen, Achsen, Tyres und der üblichen Tyresbefestigungen.

Sollte der erste Theil Beifall bei den Fachgenossen finden, so beabsichtige ich den zweiten Theil folgen zu lassen, welcher andere im Eisenbahnwesen verwendete Materialien, wie das Holz und seine Imprägnirung etc., ferner die Anarbeitung der gebräuchlichsten Constructionen des Maschinenbaues zum Gegenstande hat. Praktische und selbsterfahrene Thatsachen haben mich zu diesen Studien geleitet, doch habe ich auch jene Werke, welche die hervorragenden Standpunkte der Industrie und ihre neuesten Fortschritte behandeln, als z. B.: die Werke von Dr. Hermann Wedding, die gesammelten Werke von John Percy u. s. w. benützt.

Schliesslich erlaube ich mir meinem Collegen, Herrn Ingenieur J. Beyer, den Dank auszusprechen für die Umsicht und Mühe bei Besorgung der Correcturen.

Wien im Herbste 1886.

Der Verfasser.

Druck von Wilhelm Köhler, Wien, VI. Mollardgasse 61.

Einleitung.

Der Techniker, dem es obliegt, Constructionen, welcher Art immer, aus Metallen zu schaffen, hat die Pflicht, genaue Kenntniss über die Fabrikation und Beschaffenheit derselben, beziehungsweise über deren Eigenschaften bei der Verwendung zu besitzen, um im Vorhinein sich Rechnung zu geben, welcher Inanspruchnahme die einzelnen Theile ausgesetzt werden können, ob nämlich der Körper auf Druck, Zug, rückwirkende Festigkeit, Torsion, Biegung etc. beansprucht wird und bis zu welchem Grade der Körper diese Inanspruchnahme ertragen kann.

Es ist bekannt, dass das Metall durch die Fabrikation seine Festigkeit mannigfach verändert und es daher dem Ingenieur nöthig ist, die verschiedenen Veränderungen, welchen das Metall bei den verschiedenen Bearbeitungen unterliegt, genau zu kennen, um zu ergründen, inwiefern auch hierbei die Eigenschaften bezüglich der Festigkeit modificirt werden.

Wir wollen hierbei mit dem wichtigsten Körper bei dem Eisenbahnbaue, das ist mit jenem des Eisens beginnen.

Das Eisen.

Das Eisen ist so lange schmiedbar, als der Kohlenstoffgehalt 2·3 Procent nicht überschreitet.

Das schmiedbare Eisen wird um so leichter schweissbar und desto schwerer schmelzbar, je geringer sein Kohlenstoffgehalt ist. Je grösser daher der Kohlenstoffgehalt ist, desto mehr nimmt die Schweissbarkeit ab.

Die Härte des schmiedbaren Eisens wird um so grösser, je grösser der Kohlenstoff desselben ist.

Jenes schmiedbare Eisen, welches härtbar ist, wird mit Stahl bezeichnet, hingegen das nicht härtbare allgemein Schmiedeisen.

Die Eisenarten, die an der Grenze des Kohlenstoffgehaltes zwischen beiden stehen, werden als weicher Stahl, stahlartiges Eisen, Feinkorneisen oder hartes Eisen bezeichnet.

Beim schmiedbaren Eisen sinkt das specifische Gewicht mit dem Kohlenstoffgehalte und wird überdies durch die Härtung beim Stahl vermindert. Die absolute Festigkeit variirt nach der Art der Bearbeitung und steigt, je mehr dasselbe bei der Bearbeitung gestreckt wird. Sie erreicht das Maximum bei einem mittleren Kohlengehalt von 1 Procent. Der Stahl verliert an absoluter Festigkeit mit dem Härten. Die Grösse des Kornes (Krystalle) nimmt bis zur Grenze von 2 Procent ab und dann wieder zu.

Je geringer der Kohlenstoffgehalt ist, desto leichter lassen sich die Krystalle in der Richtung der Achse strecken, d. h. man kann das körnige Eisen in Sehnen umbilden. Erleidet das sehnige Eisen viele starke Erschütterungen, so zerfallen die gestreckten Krystalle. Dieses Zerfallen der gestreckten Krystalle erfolgt um so schneller, je höher der Kohlenstoffgehalt ist. Es hört daher die Möglichkeit, sehniges Eisen zu bilden, schon bei

1*

circa 0·6 Procent Kohlenstoff gänzlich auf. Die Eigenschaften des Eisens werden durch Aufnahme fremder Stoffe geändert. Es kann dann die Schmiedbarkeit unter 2·3 Procent des Kohlenstoffgehaltes verschwinden. Besonders kann die Schweissbarkeit des Eisens vermindert werden, mit Ausnahme der Beimengung des Phosphors, welcher die Schweissbarkeit erhöht. Man geht deshalb nicht über 1·6 Procent des Kohlenstoffgehaltes hinaus. Eisen von niedrigem Kohlenstoff erhält eine höhere Härte, wenn man fremde Beimengungen hinzusetzt, so wird Eisen von weniger als 0·6 Kohlenstoffgehalt gehärtet durch Zusetzung von Arsen, Zinn, Wolfram, Mangan, Silicium, Titan und Chrom.

Durch Silicium wird die Festigkeit beeinflusst, so dass bei 0·4 Procent Kohlenstoff das Eisen im kalten und warmen Zustande brüchig wird. Phosphor hingegen wirkt vermindernd auf die Festigkeit im kalten Zustande, d. h. das Eisen leidet an Kaltbruch. Besonders steigt dieses bei Zunahme an Kohlenstoffgehalt, so dass Stahl fast unbrauchbar wird. Schwefel hingegen wirkt auf die Festigkeit in der Glühhitze, er macht Eisen rothbrüchig, vermindert wird dieser Uebelstand mit der Zunahme an Kohlenstoff; ähnlich wirkt auch das Kupfer.

Der Hüttenmann muss daher bestrebt sein, eine bestimmte Menge von Kohlenstoffgehalt zu erreichen, um eine Beimengung von fremden Stoffen unwirksam zu machen, so dass das Product eine Festigkeit besitzt, die seiner Verwendung angemessen ist.

Die Reducirung des Eisens aus den Erzen, in welchen es im oxydirten Zustande vorkommt, wird durch kohlenstoffhaltige Substanzen bewirkt. Das in der Natur vorkommende oxydirte Eisen ist zumeist mit einer Menge fremder Substanzen gemengt (Gangarten). Die Höhe des Kohlenstoffgehaltes kann durch die Höhe der Temperatur, die bei der Reducirung angewendet wird, modificirt werden, man ist aber gezwungen, zur Erzeugung von reinem Schmiedeisen, zur Entfernung der fremden Substanzen hoch gekohltes Roheisen darzustellen, welches im flüssigen Zustande sich von der mit ihm gewonnenen eisenfreien Schlacke absondern lässt, was durch den Hochofenprocess erzielt wird.

Die hohe Temperatur, welche hierbei angewendet werden muss, macht auch die Reducirung anderer Stoffe, als z. B. :

Silicium, Mangan, Phosphor und Schwefel möglich, die in das Roheisen übergehen, deren Absonderung aber erfolgen muss. Diese Absonderung geschieht am erfolgreichsten durch die Oxydation.

Diese Oxydation des flüssigen Roheisens heisst Frischen.

Frischen.

Beim Entkohlen lassen sich zwei Stadien unterscheiden, nämlich das Rohfrischen, wo der Kohlenstoffgehalt bis zum Stahl reducirt wird, und das Garfrischen, wo ein kohlenstoffarmes Eisen erzeugt wird, welches als Schmiedeisen gelten kann. In beiden Fällen kann nur das Resultat von dem damit beschäftigten Arbeiter beurtheilt werden.

Die Rohfrischperiode ist von der Garfrischperiode durch die Kohlenoxydgas-Entwicklung, welche mehr oder minder lebhaft auftritt, zn unterscheiden.

Die Art, wie die Einwirkung der atmosphärischen Luft auf das entkohlende Roheisen zugeführt wird, bedingt die verschiedenen Frischmethoden.

Es gibt im Allgemeinen vier Methoden. Drei bedienen sich des flüssigen und eine des festen Roheisens. Man unterscheidet daher:

1. das Herdfrischen,
2. das Puddeln (Flammofen),
3. das Bessemern (Frischen im Wind),
4. das Glühfrischen.

Bei ersterem fällt das abschmelzende Roheisen durch Vermittlung von Gebläsen ab. Es wird in aus Eisenplatten gebildeten Herden, unter Anwendung von Holzkohle, in unmittelbarer Berührung des Eisens mit letzteren, ausgeführt.

Beim zweiten in einem Flammofen unter Einwirkung der verbrennenden Gase einer getrennten Feuerung. Je nach Beschaffenheit der Gase im Flammofen kann schon beim Einschmelzen eine wesentliche Oxydation stattfinden. Das eingeschmolzene Roheisen ist daher immer von einer Schlackenoxydationschichte überzogen, welche durchstochen werden muss, um das Eisen für die Einwirkung der Luft empfänglich zu machen.

Beim dritten wird dieser Process rascher wie beim ersten erreicht. Die Luftströme durchziehen hier im birnförmigen Gefässe, worin sich die Masse befindet, die Eisensäule und kommen nun direct mit dieser in Berührung.

Beim vierten, dem Glühfrischen, kommt nur der Unterschied zur Geltung, ob die Form des Productes möglichst genau der Form des Materials entspricht, oder ob noch ein weiterer Schweiss- oder Umschmelzungsprocess damit zu erfolgen hat.

Der Frischprocess.

Die Vorbereitungsarbeiten bestehen der Hauptsache nach ın Ueberführung des grauen Roheisens in das weisse. Soll hierbei die chemische Beschaffenheit unverändert bleiben, so kann dieses erreicht werden durch plötzliche Abkühlung, was aber nur dann eintritt, wenn das Roheisen eine mässige Menge von Graphit enthält. Soll aber damit eine chemische Aenderung erreicht werden, wie die Entfernung des Siliciums, so geschieht dieses am leichtesten, wenn sich das Roheisen im flüssigen Zustande befindet, oder im glühenden, wenn man Sauerstoff zuleitet.

Das Läutern im Hochofen geschieht dadurch, dass der ein- geleitete Windstrom verstärkt wird. Es geschieht dieses dadurch, dass eine Nase gebildet wird, schräg bis auf einige Centimeter unter das unter den Formen angesammelte Roheisen. Die Ober- fläche des Roheisens wird frei und die Schlacke wird nach vorne getrieben. Das Eisen wird heller an Farbe, indem die Temperatur immer steigt.

Eine andere Methode ist aber im Gebrauch. um das Roh- eisen im Hochofen selbst zu reinigen, und beruht darauf, reine Eisenerze in das Gestell einzuführen. In den nicht ganz gefüllten Ofenherd werden etwa 2 Stunden vor dem Abstich Eisensteine in der Grösse eines Eies durch die Formen eingeführt. Dieses geschieht so lange, bis das Eisen die gewünschte Farbe annimmt.

Unter Hartzerrennen ist eine Feinarbeit zu verstehen, die in Verbindung mit dem Herdfrischen vorgenommen wird, unter Benützung der Holzkohlen. Die Grube liegt nur mit einer Seite an der Mauer, durch welche die den Wind zuführende Form reicht. Auf der hinteren Seite ist es von Mauerwerk, welches nur die

Höhe der Grube hat, eingefasst. Die Grube wird mit Holzkohle gefüllt. Wenn die Kohlen gut in Brand sind, wird die Masse in den Herd vorgeschoben. Die Masse schmilzt in einzelne Tropfen ab. Diese trifft der Windstrom. Sie unterliegen daher der Oxydation und sammeln sich als Feineisen auf dem Boden des Feuers. Das Feuer wird sodann abgeräumt und die auf dem Eisen schwimmende Schlacke wird durch Wasseraufgiessen zum Erstarren gebracht.

Durch den Feinprocess erhält man ein weisses Roheisen und es heisst gewöhnlich Reineisen. Das Feineisen ist glänzend und silberweiss am Bruche, in der Regel ist es dicht nahe der Oberfläche und nicht selten löcherig. Die Löcher sind vom Gase gebildete Blasenräume. Die Streifung der Löcher, welche stets senkrecht zur Oberfläche geht, rührt von kleinen Eisenpartikelchen her. Eine Abscheidung des Phosphors findet beim Feinen des Eisens nicht statt, jedenfalls nur in kleinem Massstabe, jedoch wird das Mangan fast ganz vom Roheisen ausgeschieden und in die Schlacke überführt.

Der wesentliche Einfluss beim Feinen ist die Umwandlung des graphitischen in den amorphen Kohlenstoff. Eine grössere Anwendung findet das Vorglühen. Diese Methode verfolgt zum grössten Theile den Zweck, das Roheisen zu vorwärmen, und die dabei eintretende oberflächliche Oxydation hat den Einfluss des Braten. Der Process hat sich überhaupt da bewährt, wo man weisses Roheisen verwendet. Die hierzu benützten Herde zum Vorglühen sind mit dem Frischapparate direct verbunden.

Das Herdfrischen.

Dieses Verfahren wird bei Holzkohlen in Herden ausgeführt. Die Frischfeuer sind gewöhnlich mit gusseisernen Platten ausgefüttert, mit Mauerwerk umgeben, über deren Rand das Gebläse eingeführt wird. Der letztere dient auch zur Verbrennung und zur Oxydation des tropfenweis durch ihn gehenden Roheisens. Im Allgemeinen ist der Vorgang folgender: Der mit Kohlen gefüllte Herd wird durch den vermittelst einer geneigten Ebene eingeblasenen Windstrom lebhaft verbrannt. Von der der Form entgegengesetzten Seite wird das Roheisen in das Feuer geschoben, wo es tropfenweise abfällt, dabei oxydirt und sich verändert und auf dem Boden gesammelt wird. Das Feuer wird endlich entleert und das Eisen von Neuem in die Frischen gebracht, um abermals Holzkohlen einzugeben und wieder zum Niederschmelzen zu bringen. Die unreine Schlacke wird abgestochen und entfernt, reine hingegen wird als Oxydationsmittel bei der Hitze zugeschlagen. Will man graues Roheisen in Schmiedeisen verwandeln, so wird beim ersten Niederschmelzen das Eisen gefeint, beim zweiten, dem Rohfrischen, dasselbe in Stahl, beim dritten, dem Garfrischen, in Schmiedeisen überführt. Eine solche Frischarbeit wird als deutsche Frischarbeit bezeichnet.

Wird ein siliciumarmes, aber kohlenstoffreiches weisses Roheisen als Stoff benutzt, so erfolgt durch zweimaliges Niedergehen Schmiedeisen. Wird hingegen ein silicium- und kohlenstoffarmes oder stahlartiges Roheisen als Material benutzt, so erfolgt bei einmaligem Niedergange das Schmiedeisen und der Process heisst dann Schwalarbeit.

Die Einmalschmelzerei war besonders in Oesterreich und Süddeutschland verbreitet. Es ist überhaupt schwer, die eine oder die andere Methode anzuwenden, wenn man sich nicht genau von der Beschaffenheit des Materials überzeugt hat.

Das Puddeln.

Wird bei dem im Herde eines Flammofens eingeschmolzenen Eisen die Entkohlung durch die atmosphärische Luft bewirkt, so wird dieses Vorgehen mit Puddeln bezeichnet. Gewöhnlich geschieht die mechanische Arbeit durch Umrühren der Masse mittelst Krücken. Viel seltener wird das Umrühren durch Rotation des Ofenherdes besorgt.

Hiernach unterscheidet man Handpuddeln und Maschinenpuddeln.

Zumeist wird das Roheisen im festen Zustande eingesetzt und im Ofen geschmolzen und es verläuft der Process in ununterbrochener Arbeit. Es gehen die drei Perioden ineinander und sind dieselben daher nicht scharf von einander zu scheiden.

Beim Stahlpuddeln kommt nur die Zweischmelzerei in Anwendung. Bei allen Methoden wird aber eine reiche Menge von Schlacken angewendet, man bezeichnet daher diese Methode als fettes, nasses oder auch Schlackenpuddeln.

Das Handpuddeln.

Dadurch, das es nicht möglich war, im Frischherde fossiles Brennmaterial zu verwerthen, wurde das Handpuddeln in Anwendung gebracht, welches darauf beruht, dass Brennmaterial und Eisen getrennt wird. Auch ist beim Puddeln das Gebläse entbehrlich, wodurch ein wesentlicher Vortheil erwächst.

Die Puddelöfen (Fig. 1, 2 und 3) sind eigentlich Flammöfen. Der Schlackenherd ruht auf einer eisernen, hohl liegenden Platte und ist eingefasst von gekühlten Rändern. Er ist von der Seite von einem Arbeitsthürchen zugänglich. Der Herd ist von der Feuerung getrennt, derselbe ist ferner durch die Feuerbrücke, der Fuchs durch die Fuchsbrücke getrennt. Der Raum wird von einem Tonnengewölbe überspannt. Die Oeffnung für den Durchgang der Flamme heisst Flammenloch. Die Oeffnung, die zum Abzuge der Gase dient, heisst Fuchsloch und mündet in die Esse. Die Feuerung ist in der Regel eine Rostfeuerung. Der Raum über dem Rost ist durch eine Thür, die sogenannte Feuerthür zugänglich. Der Raum selbst wird als Feuerraum bezeichnet. Der unter ihm liegende Theil heisst Aschenfall.

Die Fig. 1, Tafel I stellt einen Puddelofen dar und zwar den Grundriss, während die darauf folgende Fig. 2, Tafel I das Längenprofil des Ofens darstellt. *b* ist eine kleine Oeffnung, die in den Feuerraum führt und dazu dient, einen Stab schweisswarm zu machen. Dieser wird benutzt, um ihn an die Luppe anzuschweissen, um die Zange bei der Zuarbeitung unter dem Hammer zu ersparen. *c* ist die Einsatzthür, die auf einem mit Gegengewicht beschwerten Hebel aufgehangen ist (Fig. 3, Tafel I). Diese Thür wird nur geöffnet bei Einbringung des Roheisens und Ausbringung der Luppen, höchstens noch bei etwa nöthigen Reparaturen, sonst ist dieselbe immer geschlossen und die Fugen werden mit Lehm verschmiert. Die kleine Oeffnung *d* dient zur Einführung der Kratzen und der Brechstangen, die beim Puddeln oft benutzt werden. Unter der Arbeitsschwelle befindet sich das Abstichloch *f*. Dieses ist während der Arbeit mit Sand verschlossen und wird nur während des Abstiches der Schlacke geöffnet vermittelst eines spitzen Eisens. Der Fuchs ist mit Steinen überdeckt und jede Reihe ist durch eiserne Bänder zusammengehalten und kann daher bei einer

Reinigung für sich abgehoben werden. Alle gemauerten Theile des Ofens sind aus feuerfesten Ziegeln hergestellt. Auf gusseisernen Ständern ruhen die Seitenwände, welche den Aschenfall begrenzen. Die Feuerbrücke ist von einem Canal durchzogen, damit derselbe durch Luftcirculation gekühlt werden kann. Die Decksteinplatten sind bezüglich ihrer Dicke von Einfluss auf die Feuerführung. Der Herd wird von eisernen Ständern, die durch Querbalken verbunden sind, getragen. Er ist aus Schlacken muldenförmig hergestellt und mündet der Schlackenstich an der Vorderseite ein. Fuchsbrücke und Feuerbrücke werden von Querbalken getragen und sind wegen Luftkühlung hohl und ebenfalls mit feuerfesten Steinplatten gedeckt. Soll die übersteigende Rohschlacke von der Brücke continuirlich in den Fuchs geführt werden, so muss man die Dicke der Platten berücksichtigen und der mittlere Theil muss niedriger als die beiden Enden gemacht werden. Von der Feuerung muss sich das Ofengewölbe allmälig zum Fuchse senken.

Wird mit grauem Roheisen gearbeitet, so wird dasselbe pyramiden- oder zeltförmig geschlichtet, so dass der Feuerstrom die Oberfläche der Stücke gut bestreichen kann. Die Einsatzthür wird hierauf gut geschlossen, wenn nöthig sogar festgekeilt und verschmiert. In die Arbeitsthür kommt ein Stück Kohle und davor das Schliessblech. Bei ganz geöffnetem Zuge wird besonders das Feuer gut erhalten und angeschürt. Auf dem Boden des Ofens sammelt sich das tropfenweise abgeschmolzene Roheisen unter einer Schlackendecke. Beim Oeffnen der kleinen Thür und Untersuchung mit der spitzen Stange werden die Stücke nicht geschmolzenen Roheisens herausgesucht und emporgebracht.

Ist diese Arbeit vollendet, so ist das Eisen gefeint, d. h. der Graphit ist in Form von amorphem Kohlenstoff übergegangen, das Silicium oxydirt und bildet verbunden mit Eisenoxydul eine neue Schlackendecke.

Um die Reaction des Sauerstoffes auf das Eisen zu befördern, werden die Kratzen zu Hilfe genommen, welche durch die kleine Arbeitsthüre eingeführt werden. Mit den durch die Kratze gezogenen Furchen dringt die atmosphärische Luft und das Eisen oxydirt.

Ein Mangangehalt verlängert den Process des Rohfrischens, da dieser zumeist als Oxydul in die Schlacke übergeht.

Durch genügende Abkühlung des Eisens und des Schlacken-
bades oxydirt sich Phosphor, durch Abzapfen der Schlacke
vor eintretendem Aufschäumen gelingt es denselben zum Theil
unschädlich zu machen.

Das Garen kann man durch Zusätze beschleunigen, man
wählt hiezu fertig hergestellten Eisenoxydul, was man durch Einbringung von Hammerschlag, Garschlacke, Walzsinter erreicht.

Die Rohfrischperiode nimmt 20 bis 40 Minuten in Anspruch.
Durch das Durchschlagen bewirkt man, dass die unter dem
Schlackenbade befindlichen Eisenkrystalle an die Oberfläche
gelangen und die oben befindlichen wieder unter die Schlacke
tauchen. Diese Arbeiten werden mit der Spitze ausgeführt. Ein
Zusammenschweissen von immer grösseren Theilen kommt bei
dieser Arbeit vor und es entstehen derart die Luppen. Sie sind
im Gewichte von nahezu 40 Kg. Diese Kugeln werden von der
Schlacke durch Brechstangen befreit und dann in eigens geschlossenen Oefen eine kurze Zeit hindurch einer hohen Temperatur ausgesetzt.

Die Schlacke saigert hiebei vollständig aus und der Phosphor
entgeht dabei theils als leichtflüssige Phosphoreisen-Verbindung,
theils in Phosphorsäure in Verbindung mit der Schlacke. Die
Einsatzthür wird hierauf geöffnet und mit einer Zange eine Luppe
nach der andern herausgezogen. Die Manipulation dauert $1^1/_2$
bis $2^1/_4$ Stunden. Der Eisenabgang ist 10 bis 15 Procent. Der
Verbrauch des Brennmaterials per 100 Kg Luppeneisen ist 80
bis 100 Kg Steinkohle oder 120 bis 150 Kg Braunkohle.

Bei Anwendung des weissen Roheisens fällt der chemische
Process weg, den man anwenden muss, um den Graphit in
amorphen Kohlenstoff zu verwandeln. Doch zieht man es vor,
das weisse Roheisen gleich im Hochofen zu erzeugen und dieses
vor dem Puddeln zu feinen, denn das weisse Roheisen, welches
durch Feinen entstanden, ist zumeist siliciumarm, wodurch beim
Verbrennen ein Mangel an Wärme entsteht.

Solche Art von Puddeln findet statt, wo man das Eisen auf
Sehne erzeugt. Puddelt man hingegen das Eisen auf Korn, d. i.
kohlenstoffreiches und schmiedbares, also Feinkorneisen und Stahl,
ist es nothwendig, dasselbe bei hoher Temperatur schnell einzuschmelzen. Man trachtet daher, dasselbe unter der Schlacke zu

garen und saigt die Luppen unter einer reducirenden Flamme aus. Man verwendet hiezu ein Material, welches möglichst schwefel- und phosphorfrei, jedoch manganreich ist. Die Oefen unterscheiden sich nur durch einen tieferen Herd und dadurch, dass die Gewölbefächer gespannt sind.

Um eine vorzeitige Oxydation zu verhüten, muss das Roheisen möglichst schnell geschmolzen werden. Es wird daher das Feuer bei geschlossenen Thüren lebhaft unterhalten. Es ist daher nöthig, das Eisenbad sehr flüssig zu erhalten und zu trachten, dass sich dasselbe unter einer reichlichen Schlackendecke befindet. Von Phosphor reine Schlacke, welche vom vorigen Processe erübrigt wurde, ist am besten zur Flüssigmachung zu verwenden. Manganhaltiges Roheisen eignet sich daher ganz besonders hiezu. Ueberhaupt ist ein solches Material nicht zu haben, so hilft man sich mit Zuschlägen von manganhaltigen Substanzen, als Manganerzen, oder auch durch Alkalien, wie Soda, Kochsalz etc., um den Zweck zu erreichen. Je grössere Luppen man machen will, um so reichlicher muss das Schlackenbad sein. Sobald der Puddler fühlt, dass Stahlkrystalle sich bilden, was durch die Kratze erreicht wird, hat er dieselben einzeln und ausgebreitet zu halten. Das Luppenmachen muss mit Beschleunigung vor sich gehen, um eine zu grosse Oxydation zu vermeiden. Mit der Temperatur wird unmittelbar vor dem Herstellen der Luppen herabgegangen. Soll das Product kohlenstoffreich ausfallen, muss langsam gekratzt und das Eisen sorgfältig unter der Schlackendecke gehalten werden. Das Aussaigen der Schlacke wird bei niedrig gehaltener Temperatur vorgenommen, es muss daher die Flamme reducirt werden, um die Oxydation der Luppen zu vermeiden.

Der Abgang beträgt beim Puddeln auf Korn 9 bis 16 Procent Roheisen. Es ist dieses abhängig vom Silicium und Kohlenstoffgehalt des Roheisens und theilweise von der Oxydation desselben, die nicht ganz zu vermeiden ist. Bei Verarbeitung von grauem Roheisen sticht man die Schlacke bei jeder Hitze ab, hingegen bei weissem ungefeinten Roheisen bei jeder zweiten Hitze, bei gefeintem Eisen alle 12 Stunden nur einmal.

Zur Ersparung von Menschenarbeit beim Rühren beim Puddelprocesse hat man versucht, die Kratze auf mechanische

Weise zu bewegen. Doch war diese Bewegung nicht ganz entsprechend, wie die damit erhaltenen Producte zeigten, man ging daher auf die beweglichen Puddelherde über. Erst Danks construirte einen brauchbaren Ofen. Dieser besteht aus einem horizontalen Cylinder, welcher zwischen einer feststehenden Feuerung und einem drehbaren knieförmigen Fuchs eingeschaltet ist. Fig. 4, 5, 6 und 7 stellen einen solchen Ofen dar. Der Mantel (Fig. 4, Tafel I) besteht aus 2 Stücken, die zum Theil

Fig. 6.

konisch, zum Theil cylindrisch sind und den mittleren ganz cylindrischen, aus horizontalen Platten zusammengesetzten Theil einschliessen. An die Enden des rotirenden Gefässes legen sich zwei durch Wasser gekühlte Ringe an. Der Ofenmantel ist mit zwei Gleitringen versehen, welche auf vier Frictionsrollen lagern. Ein an der Triebwelle einer Dampfmaschine angebrachtes Stirnrad (Fig. 5, Tafel I) greift in den Zahnkranz ein, welcher den Ofenmantel in der Mitte umgibt. Der Planrost, Ober- und Unterraum, gleicht der gewöhnlichen Feuerung. Der Rost (Fig. 6) besteht aus einfachen Flachstäben. Der Unterwind wird durch das Rohr (*b*), der Oberwind durch Düsen (*a*) eingeleitet. Die Feuerthür (*c*) wird durch Wasser gekühlt. Vom Ofen wird die Feuerung durch die Feuerbrücke geschieden. Die Gase ziehen aus dem Ofen durch einen rechtwinklig umgebogenen Fuchs (Fig. 7) zur Esse (*P*). Man kann in das Innere des Ofens gelangen mittelst des Kniestückes (*l*), das sich mittelst einer schrägen Ebene schliesst. An der Biegung der Knies ist ein Schau loch (*m*), welches gestattet, in den Ofen zu sehen oder eine Stange einzuführen. Die Schlacke kann durch die Oeffnung (*n*) abgestochen werden. Das rotirende Gefäss ist mit Rippen versehen, welche das Futter festhalten und verhindern sollen, dass sich letzteres vom Mantel löse. Das Futter besteht aus möglichst kiesel- und wasserfreien Erzen, welche mit Kalkmilch als Binde mittel in Kollermühlen zu einer plastischen Masse vermischt wie Mörtel aufgetragen und glatt abgestrichen werden.

Fig. 7.

Man hat es vorgezogen, anstatt das Roheisen im Ofen selbst einzuschmelzen, dasselbe im flüssigen Zustande in den Ofen einzuführen, wozu man einen Kupolofen (Fig. 8 und 9) mit Sammelherd benutzt. Der Schmelzschacht hat eine geneigte Ofensohle (*b*). Das geschmolzene Eisen sammelt sich in dem Reservoir (*e*). Die Verbrennungsproducte können durch das Reservoir (*e*) und den Canal (*i*) in die Esse (*l*) entweichen, davon aber auch leicht durch die Schieber (*k*) abgesperrt werden. (*f*) ist die Abstichöffnung und (*h*) ein Schlackenloch.

Der Vorgang des Processes mit diesem Ofen ist folgender: Das Roheisen wird in den von der vorigen Hitze noch warmen Ofen mit einer beträchtlichen Menge Stockschlacke und Walzsinter eingesetzt, in welcher 1·4 Procent Eisen im metallischen Zustande vorhanden sind. Im Ganzen wird nahezu das Doppelte an Garschlacke und Walzsinter verbraucht, als beim Processe gewonnen. Je mehr man davon zusetzt, umsoweniger wird durch den chemischen Verlauf das Futter angegriffen. Sobald das Eisen ganz geschmolzen, wird gegen die hinabgehende Seite des Futters ein Wasserstrahl gespritzt, um die Schlacke abzukühlen,

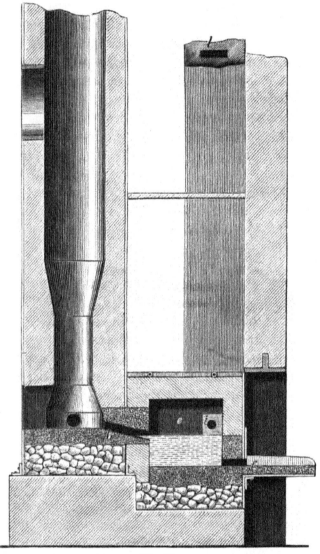

Fig. 8.

damit sie sich um so besser mit dem Eisen mischen kann. Während dieses Vorganges wird Silicium und Mangan oxydirt.

Hauptsächlich gibt das Futter und das zugesetzte Eisen oxydul den Sauerstoff her, um Kieselsäure und Manganoxydul zu bilden. Während dieser Zeit macht der Ofen nur 1—2 Drehungen in der Minute.

Man bemerkt bald an der aufsteigenden Wandung ein Verdicken des Eisens. Dann beginnt das Kochen. Der Wasserzufluss wird unterbrochen und das Arbeitsloch wird für die Schlacke geöffnet, bei Verstärkung des Feuers wird die flüssig gewordene Schlacke nach Bedarf entfernt, gewöhnlich wird so viel gelassen, dass genug für das Eisenbad bleibt, so dass dasselbe hinlänglich davon bedeckt ist.

Nach beendigtem Schlackenabstich wird die Oeffnung wieder mit einem Stück Thon geschlossen und wieder in Bewegung

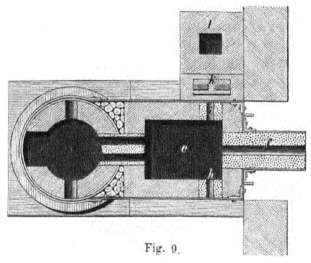

Fig. 9.

gesetzt (6—8 Umdrehungen) in der Minute. Es wird so viel geheizt, dass sich das Eisen zusammenzubacken beginnt. Kleiner wird das Feuer geschürt, sobald man sieht, dass sich das Eisen zu grösseren Ballen zusammenbäckt. Um den Luppen hinreichende Dichte zu geben, lässt man den Ofen noch 5- bis 6mal umdrehen und hiemit endet der Process.

Das Bessemern.

Wird die Entkohlung des flüssigen Roheisens durch heftigen, durch dasselbe gepressten Windstrom herbeigeführt, so wird dieser Hergang das Bessemern bezeichnet. Das Roheisen wird entweder flüssig aus dem Hochofen entnommen, oder gewöhnlich in Kupol- oder Flammenöfen umgeschmolzen. Durch die

durch Verbrennung des Siliciums, Eisen und Mangan entwickelte
Wärme ist das ganze Product auch bei völliger Entkohlung
noch flüssig.

Wesentlich unterscheidet sich dieser Process von den andern
Frischarten, dass durch die hohe Temperatur der Phosphor gar
nicht, der Schwefel nur wenig sich entfernen lässt. Ebenso ist
im Producte Mangan vorhanden. Wegen des schnellen Verlaufes
des Processes ist es nicht möglich, das Eisen von einem bestimmten Kohlengehalte zu erzielen, sondern es wird, der Ein-
fachheit wegen, ganz entkohlt und diesem wird ein Zusatz von
kohlenstoffreichem Eisen (Spiegeleisen) zugeführt.

Das erzeugte Schmiedeisen wird in dem Gefässe der weiteren Bearbeitung unterworfen. Aus einer Sammelpfanne wird es
abgelassen und in Formen (Ingot) gegossen. Beim Erstarren hält
es wohl Gasarten zurück, welche zahlreiche Blasenräume bilden,
die durch Dichthämmern entfernt werden müssen.

Das Gefäss, welches man hiezu benutzt, ist die Birne. Diese
wird aus Eisenblech hergestellt und mit feuerfestem Material
ausgefüttert. Die Bleche sind zusammengenietete Kesselbleche.
Besonders wichtig sind die Bodenstücke und das cylindrische
Mittelstück. Letzteres ist ein starkes Stück, welches die Zapfen
und die Ringe trägt; diese haben einen Aufsatz, der halsartig
geformt ist und Haube genannt wird. Durch Flanschen werden
die einzelnen Theile aneinander geschraubt.

Der Boden wird aus geformten Ganistersteinen gebildet.
Die schwach konischen Formen werden aus kieselsäurereichem
Thon hergestellt. Die Windöffnungen werden durch Stahlnadeln
ausgedrückt. Die Formen werden stark gebrannt. Das Futter,
sowie eine etwa separirte Einbettung müssen vollkommen trocken
sein, bevor sie benutzt werden. Die Trocknung geschieht, indem
man Coaks oder Holzkohlen, die man brennend macht, in die Birne
schüttet, jedoch setzt man noch nicht den Windkastenboden an.
Ist endlich der grösste Theil des Wassers verdampft, so schliesst
man den Deckel und gibt gelinden Wind, bis das ganze Futter
in Rothgluth kommt. Die Zahl und Grösse der Formen wechseln
oft sehr ab. 7 Formen mit je 7 Löchern von 1 cm Durchmesser
können als minim gelten. Diese Zahl steigt aber auf 12 mit je
12 Löchern von 1·3 cm Durchmesser.

Die Windführung erfolgt immer durch eine Achse, welche hohl ist. (Fig. 10, Tafel II.) Auf der drehbaren Achse sitzt gewöhnlich ein Excentrik. Dasselbe ist mittelst eines Hebels mit einem Ventil derart in Verbindung, dass letzteres durch Drehung der Achse gehoben oder gesenkt wird, wodurch der Wind abgesperrt oder eingelassen wird. Wird die Birne gehoben und das Eisen deckt den Boden, so tritt der Wind selbstthätig ein. Dadurch wird der Kasten vor Zerstörung geschützt. Der Wind

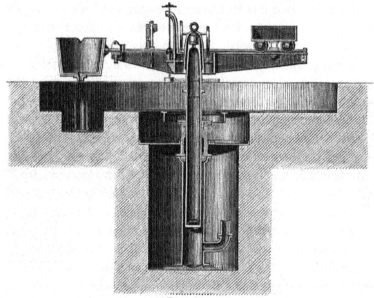

Fig. 11.

der durch Gebläse erzeugt wird, muss eine starke Pressung haben und einen Ueberdruck von 1·1 Kg, bei grösseren Massen einen Ueberdruck bis 1·54 Kg per m² Klappengebläse besitzen.

Der Regel nach wird jede Birne auf 5000 bis 6000 Kg Roheisen berechnet. Die Gusspfanne, wo das fertige Product hineinkommt, muss gross genug sein, um Eisen und Schlacke aufzunehmen. Sie muss sich der Mündung der Birne anpassen und sich von Form zu Form führen lassen, um bequem in dieselben giessen zu können. Die Pfanne ist aus Kesselblech gearbeitet, mit Ganister 5 cm stark gefüttert und mit Graphit geschwärzt. Die Oeffnung nahe dem Boden ist konisch und kann mit einem Stöpsel verschlossen werden, welcher aus Chamottemehl und Thon hergestellt wird. (Fig. 11.)

Zur Balancirung der Giesspfanne ist ein bewegliches Gegen
gewicht angebracht. Die Formen sind in der Peripherie des
Kreises aufgestellt. Ist man in der Lage, im Hochofen ein
Material von geeigneter Beschaffenheit zu erzeugen, so verwendet
man dasselbe im flüssigen Zustande direct, in der Birne zum
Bessemern.

Man führt es zu diesem Zwecke in grossen Giesspfannen,
welche Räder besitzen, zu den Bessemeranlagen. Gewöhnlich
aber schmilzt man das Roheisen in Flammenöfen oder besser in
Kupolöfen um. Wegen des Umstandes, dass in den Flammenöfen
das Silicium entzogen wird, kommen aber zumeist Kupolöfen zur
Verwendung, die nach beistehenden Fig. 12 u. 13 angeordnet sind.
Der Kupolofen muss derart sein, dass die zwischen zwei Hitzen
erübrigte Zeit es vollkommen ermöglicht, das Roheisen umzu-
schmelzen ohne wesentlicher Abkühlung, aufzubewahren und dasselbe auch vor oxydirender Luft zu schützen. Hiezu eignet sich am
besten der Krigar'sche Ofen. (Fig. 12 u. 13, Tafel II.) Bei diesem
Ofen verbraucht man an Schmelzcoaks 15 bis 20 Procent des Roheisens. Ein Ofen von 5·4 m Höhe, 1·25 m. im Herde und 1·57 m
in der Mitte Durchmesser, könnte 6000 bis 6500 Kg Roheisen zum
Schmelzen aufnehmen. Solche Oefen werden durch 4 Düsen mit
Wind versorgt. Wenn die Füllung der Birne vollendet ist, wird
dieselbe aufgekippt. Das Ventil muss geöffnet sein, wenn das
flüssige Roheisen die Form berührt. Sofort beginnt die Oxydation
des Siliciums und eines Theiles des Eisens, beziehungsweise des
Mangans, sowie der Uebergang des Graphits in den amorphen
Zustand. Analog der Feinperiode, die auch hier die Schlacken-
bildungs-Periode bezeichnet werden kann. Man hört Anfangs
nur die lebhaft absorbirten Luftblasen. Ein von innen roth
erleuchteter Gasstrom tritt aus der Mündung. Bald aber wird
die Flamme orangefarbig und der Flammenkörper nimmt zu.
Die in der Flamme enthaltenen brennbaren Gasarten treten an
der Luft immer mehr hervor. Die Leuchtkraft steigt schnell,
indem sich Funken des verbrennenden Eisens zeigen und weiss-
glühende Schlackentheilchen. Die Oxydation des Siliciums bis
zur vollständigen Verschlackung geht vor sich. Die Bildung der
Singulosilicate wird verzögert durch den Eintritt von Kieselsäure
aus dem Futter. Das Eisenoxydul wird in die Schlacke aufge-

nommen und werden ganze Garben von Eisen und Schlacke mitgerissen und äussern sich durch Funkensprühen und Sternchen, welche in der Flamme sich zeigen. Die Dauer dieser Periode nimmt ungefähr ein Drittel des ganzen Processes ein. Die Garfrischperiode wird hiemit abgeschlossen. Die Entkohlung ist vollendet mit dem Aufhören der Flamme.

Die Birne wird gekippt und das Gebläse eingestellt. Tritt während des Processes ein starker und dichter Rauch ein, so zeigt dieses von einem mangelhaften Roheisen. Dieser Rauch besteht aus verdampfter Schlacke, kieselsaurem Eisen und Manganoxydul.

Im rothwarmen Zustande bringt man die Stahlabfälle in die geneigte Birne hinein.

Das beste Eisen, welches sich zum Bessemerprocess eignet, ist ein solches von hohem Silicium- und geringem Schwefel- und Phosphorgehalt. Um die Wärmeentwicklung zu erhöhen, überhitzt man am besten das Roheisen im Umschmelzofen, oder man bläst künstlich Kohlenstaub mit dem Gebläsewinde ein. Auch das Einblasen von heissem Wind wird zu diesem Zwecke angewendet. Das Gewicht des eingesetzten Roheisens beim Bessemern vermindert sich um die Menge des entzogenen Kohlenstoffes, Siliciums und Mangans, ferner um die Menge des als Oxydul in die Schlacke übergehenden Eisens. Durch Verschmelzung im Hochofen kann das Eisen der Bessemerschlacke am besten zurückgewonnen werden. Der Abgang beträgt in der Regel 14 bis 16 Procent. Die Aenderungen der Flamme beim Bessemern haben, da ein chemischer Process die Aenderung bewirkt, zur Idee geführt, den Fortgang des Processes durch ein Spectrum genau zu beobachten. In der That hat in verschiedenen Hütten die Anwendung des Spectrums zu günstigen Resultaten geführt.

Der Thomasstahl (basisches Futter).

Wie bereits erwähnt, ist das Futter beim Bessemerprocess ein saures; Thomas hingegen hat zuerst ein basischen Futter angewendet, um dem Eisen den Phosphor zu entziehen.

Thomas schlägt vor, hiebei zur Herstellung von feuerfesten basischen Ziegeln eine Mischung von magnesiahaltigem Kalkstein mit geringen Mengen von Kieselsäure, Thonerde und Eisenoxyd zu verwenden.

Ist ein solches Material nicht vorhanden, so wird ein Zusatz von Thon oder Thonschiefer, thonerdehaltiger Hochofen schlacke oder thonerdehaltigem Kalkstein verwendet. Die Kiesel säure darf aber nicht 20 Procent übersteigen. Die Brennung solcher Ziegel muss bei intensiver Weissgluth in einem Ofen, der basischen Boden hat, geschehen. Da ein Zusammenschmelzen der Ziegel dort, wo sie mit grösseren Mengen von Sinterungsmitteln zusammenkommen, unvermeidlich ist, müssen die Wände auch aus basischen Massen bestehen. Der Dolomit, welcher gebraucht wird, muss verkleinert werden (erbsengross) und wird mit Thon gemengt, um ihn zur Ziegelfabrikation brauchbar zu machen. Die Ziegeln erfordern zunächst ein sorgfältiges Lufttrocknen, hiernach ein Trocknen bei gelinder Wärme, dann erst können sie einer heftigen Temperatur ausgesetzt werden. Der Dolomit wird theils in Flamm-, theils in Schachtöfen bei sehr hoher Temperatur gebrannt. Die Flammöfen müssen mindestens die Sohle aus basischem Material haben und auch der obere Theil der Wände, als auch das Gewölbe müssen, falls selbe aus anderem Material hergestellt sind, von den basischen durch eine Isolirschichte von Theer oder mit Theer gemischten Coaks getrennt werden.

Um die Ziegel einige Zeit aufbewahren zu können, taucht man sie in warmen Theer, sie werden derart vor dem Eindringen der Feuchtigkeit geschützt. Beim Verbrennen erleidet der Dolomit eine Veränderung, die darin beruht, dass das Wasser, welches an Eisenoxyd, Thonerdesilicat gebunden ist, ausgetrieben wird. Zur Austreibung der Kohlensäure gehört eine ziemlich hohe Temperatur. Auch andere Substanzen können verwendet werden, wenn Dolomit, welcher die Grundlage der Anfertigung der basischen Ziegel ist, nicht vorhanden ist, und kann als Ersatz Magnesia, Kalk, Strontian, Baryt und Thonerde genommen werden. Besonders hat die auf nassem Wege gewonnene Magnesia den Vorzug grosser Plasticität. Mit Eisenoxyd gibt Magnesia schwer schmelzbare Verbindungen. Wo Dolomit mangelt, wird sich ferner geeigneter Kalkstein sehr empfehlen. Er ist dann wesentlich wie der Dolomit zu behandeln. Er ist nämlich in Schacht- oder Flammöfen in möglichst hoher Temperatur zu brennen. Die Oefen müssen ferner eine basische Sohle haben. Phosphorsaure Kalkerde kann auch an Stelle der Kalkerde treten, und zwar in Form von Knochenasche. Doch sind diese Massen nicht plastisch und bedürfen eines Binde- und Sintermittels.

Strontiumcarbonat findet sich auch in grösserer Menge vor und kann durch Brennen die Kohlensäure ausgetrieben und so Strontium gewonnen werden. Mit thonhaltigem Eisenstein gemengt gibt derselbe Ziegelmaterial. Doch ist der daraus gewonnene Ziegel nicht feuerfest. Dasselbe gilt von dem Baryt.

Thonerde ohne Kieselsäure ist nur im Bauxit vorzufinden. Es muss mit einem Bindemittel versetzt werden. Die daraus erzeugten Ziegel werden in basisch gefütterten Oefen bei starker Rothgluth gebrannt. Aschenfreier Coaks oder Retortengraphit mit 5 bis 10 Procent Asphalt ist ein Kohlenfutter, welches durch Theeröl, Petroleum genügende Plasticität erhält. Kohlenstoffreiche Klebmittel reichen zur Erzielung der Plasticität hin und lassen bei einer nicht allzu hohen Erhitzung den Kohlenstoff als Bindemittel zurück, für die praktische Anwendung eignet sich besonders der Steinkohlentheer allein.

Die Einrichtung der Birne bleibt bei den Processen mit saurem und basischem Futter so ziemlich die gleiche, nur bedingt die Grösse der Schlackenmenge eine grössere Dimension wie beim saueren Processe, so dass das Verhältniss sich ergibt wie etwa $6\frac{1}{2} : 10$, so dass eine Birne, die 10 Tonnen Roheisen für den saueren Process aufnehmen kann, für den basischen nur für 6/1, Tonnen Roheisen ausreicht. Die Anfertigung des Birnenfutters hat es ergeben, das für den basischen Process neue Birnenformen angefertigt werden mussten.

Das Birnfutter wird entweder aufgemauert oder aufgestampft. Das Aufmauern beginnt am unteren Ende des Birnenmantels und springt um die Hälfte der Futterstärke in das Innere vor. Das Ausmauern geschieht unter Anwendung eines mit Theer angemachten Mörtels. Durch die Anwärmung schmelzen die Fugen zu. Bei weiterer Erhitzung tritt wieder eine Erhärtung ein. (Siehe Fig. 14 und 15.)

Wenn das basische Futter mit Wasser genetzt wird, ist es zwar genügend plastisch. man zieht es aber vor, wegen der Ausdauer des Futters, es mit entwässertem Theer plastisch zu

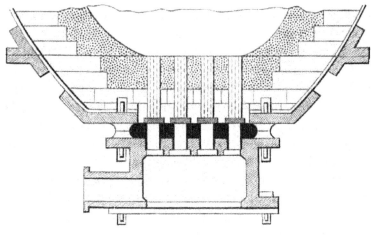

Fig. 14.

machen und so dasselbe aufzustampfen. Man stampft zu diesem Zwecke die plastische Masse hinter eine hölzerne Schablone und den Mantel der Birne mit eisernem Schlägel, den man vorgewärmt, gut ein. Mit der Höhe der Brenntemperatur wächst die Haltbarkeit der basischen Steine. Es zerfallen die Magnesiasteine während eines Vierteljahres, Kalk und Dolomitsteine haben nur eine Dauer von etwa vier Wochen. Erhöht wird die Standhaftigkeit durch abwechselndes Glühen und Abkühlen durch Wasser, so dass Kalkziegel und Dolomitziegel dadurch ihren Bestand erhöhen. An der Mündung der Birne unterliegt das Futter der grössten Zerstörung durch die sich bildenden Schlackenansätze. Man versucht daher durch Einblasen von Luft in die Mündung die Temperatur zu erhöhen, dass sich die Schlacke nicht ansetzen kann, sondern zurückfliessen muss. Durch das Ausstampfen des

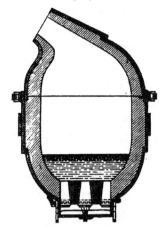

Fig. 15.

Halses mit einer theerreichen basischen Masse können die verlegten Stellen leicht ausgeglichen werden.

Als Roheisen hat sich zwar am besten bewährt ein solches von 3 Procent Phosphor, über 2 Procent Mangan, 0·5 Procent Silicium und unter 0·1 Procent Schwefel, doch sind Rohmaterialien, welche recht erheblich davon abweichen, noch durch das Thomasverfahren mit Rentabilität verwendbar. Doch übersteigt der Phosphorgehalt 3 Procent niemals bei einer vortheilhaften Bearbeitung und geht auch niemals unter 1·5 Procent. Die aus Silicium, durch Oxydation, gebildete Kieselsäure wird durch Kalk und Magnesia neutralisirt. Die Verbrennungswärme des Siliciums wird nur wenig nutzbar gemacht. Bei dem basischen Process wird daher um so günstiger gearbeitet, je weniger Silicium im Roheisen enthalten ist. Man hält 0·5 Procent als unschädlich und dürfte das Maximum mit 2 Procent angenommen werden. Zur Wärmeerzeugung wird am vortheilhaftesten Mangan verwendet. Es haben sich Erze von 2 bis 3 Procent Mangan bei dem basischen Processe als günstig erwiesen. Das beim basischen Process verwendete Roheisen ist weisser, höchstens lichtgrauer Art, der Kohlenstoffgehalt steigt selten unter 3·5 Procent. Der Kohlenstoffgehalt ist amorph selten, zum geringsten Theil graphitisch vorkommend.

Der Schwefel muss so niedrig als möglich gehalten werden. Man duldet nicht mehr als 0·1 Procent. Es kommt selten vor, dass Roheisen 0·2 bis 0·3 Procent Schwefel enthält. Der Schwefelgehalt wird um so unschädlicher, je grösser der Mangangehalt ist, so dass bei einem Gehalte von 0·15 Procent, 1·0 bis 1·5 Procent Mangan sein muss, um den ersten Gehalt zu neutralisiren.

Wo das Roheisen in geeigneter Qualität vorhanden ist, erscheint es als zweckmässig, das Roheisen flüssig in die Birne zu bringen. Ist die Giesspfanne mit Rädern versehen und die Pfanne gut ausgefüttert, so hält das Eisen auch längeren Transport unschädlich aus.

Dort wo kein geeignetes Roheisen vorkommt oder die nicht Hochöfen zur Entnahme des Roheisens besitzen, wird die Umschmelzung in einem Kupolofen vorgenommen. Man braucht hierzu als Brennmaterial Coaks und ist dessen Verbrauch durchschnittlich 15 Procent des umgeschmolzenen Roheisens.

Den Kupolofen gleich basisch auszufüttern, ist ebensowenig zu empfehlen, wie eine Entkieselung beim Bessemerprocess, weil hiebei nur Verbrennungswärme verloren geht.

Zur Verhütung jeder Abkühlung und Oxydation ist auch bei Kupolöfen vorzuschlagen, dass das überschmolzene Eisen in Giesspfannen gesammelt wird, um es so schnell als möglich der Birne zuzuführen. Das behandelte Roheisen verändert sich etwas, indem Mangan von 2·0 auf 0·6 Procent sinkt. Zur Concentrirung der Desoxydation benützt man Spiegeleisen, das 13·8 Procent Mangan hat. Man wendet es häufig nur erhitzt an; Ferromangan benutzt man sogar kalt. Dieses findet dann vorzüglich Anwendung, wenn das Product weich ausfallen soll, wie nachstehende Beispiele zeigen:

Hörde für weiches Eisen 4 Procent vom Roheisen, davon $1^1/_4$ Procent Spiegel, $3^3/_4$ Procent Ferromangan.

Hörde für härteres Eisen 9 Procent vom Roheisen, davon 7 Procent Spiegel, 2 Procent Ferromangan.

Rheinisches Stahlwerk 5·8 Procent Roheisen, 5 Procent Spiegel, 0·8 Procent Ferromangan. Die Erhitzung des Spiegeleisens hat den Vortheil, dass es nicht abkühlt, geschmolzenes Spiegeleisen bewirkt hingegen eine sehr heftige Reaction. Der Zusatz von Spiegeleisen bewirkt ein heftiges Aufschäumen, und liegt die Erfahrung vor, dass das mit Ferrosilicium erblasene Flusseisen in den Gussformen weniger steigt und dichtere Gussblöcke liefert. Eisenabfälle werden so viel als möglich zugeworfen, ohne die Temperatur zu stark zu ermässigen.

Zur Bindung der Kieselsäure wird Kalk angewendet. Um die nöthige Wärme nicht zu entziehen, wird der Kalk schon gebrannt beigesetzt. Für einen Einsatz von 1·5 Tonnen Roheisen braucht man 370 Kg Spiegeleisen und 850 Kg Kalk, beides wird mit 20 Kg Nusskohle erhitzt. Zur Einführung des Kalkes in die Birne bedient man sich gewöhnlich eiserner Schüttröhren oder durch eine Oeffnung wird der Kalk mittelst einer Rinne in den Birnenhals eingeführt.

Beim basischen Processe bedarf das Gebläse eine höhere Pressung, als dieses beim sauren der Fall ist, und werden daher Gebläse bis 2 Atmosphären angewendet. Die Arbeit wird auch durch Erhitzung des Windes abgekürzt.

Ist die Birne fertiggestellt, so wird der Losboden aufgesetzt, was am besten durch Keile erfolgt. Die Birne wird erhitzt durch Verbrennen von Coaks, der angewärmte Zuschlag wird eingelassen, dann das Eisen darüber gegeben. Hierauf beginnt bei vertical gestellter Birne das Blasen. Bei weiterem Verlauf ist wie bei der saueren Fütterung vorzugehen. Die Entphosphorung ist beendet, wenn die Probenentnahme zu einer Scheibe unter dem Hammer ausgeplattet wurde und wenn der Bruch desselben ein gleichmässiges mattseidenglänzendes Aussehen zeigt. Der Abbrand ist im Durchschnitt 14 bis 16 Procent des Roheisens.

Das Glühfrischen.

Da der oxydirte Kohlenstoff nur im amorphen Zustande zulässig ist, muss für das Glühfrischen nur weisses Roheisen verwendet werden. Es werden entweder bestimmte Formen entkohlt, um ihnen die Eigenschaften des Schmiedeisens zu ertheilen, oder es werden beliebige Roheisenstücke auf den Kohlenstoffgekalt des Stahles gebracht, um dieselben zu einem technisch verwendbaren Stahl umzuwandeln. Das Product erster Art nennt man hämmerbares Gusseisen, das zweiter Art bezeichnet man mit Gussstahl. Zur Erzeugung von hämmerbarem Gusseisen gibt Kastner an, dass Schwefel oder schwefelsaure Salze enthaltendes Eisenoxyd als Glühmittel nicht zu verwenden sind. Der Rotheisenstein, der einmal benutzt worden, kann wieder benützt werden, wenn er durch Besprengen mit Wasser und häufiges Umrühren an der Luft, wieder durch Erhitzung von Wasser befreit worden ist. Auch kann dichter Rotheisenstein oder faseriger Brauneisenstein wiederholt benutzt werden, nur gibt letzterer ein weiches Eisen.

Es sind überhaupt zwei Verfahren im Gebrauche.

Der erste Process ist ein chemischer und die Entkohlung des Roheisens wird durch einen den Kohlenstoff oxydirenden Körper bewirkt. Das andere Verfahren ist ein physikalisches und gründet sich auf langsame Erhitzung und Abkühlung.

Das Roheisen muss weiss oder stark halbirt sein und darf nur wenig Graphit enthalten, denn der Kohlenstoff muss im amorphen Zustande sein. Wesentlich können verschiedene Abkühlungen wirken. Es ist zwar am geeignetsten, wenn man das Eisen direct aus dem Hochofen benutzt, es können aber auch Mischungen vorgenommen werden, wodurch man ein graphitfreies Product gewinnt. Einen grösseren Gehalt als 1·2 Procent Mangan soll man vermeiden. Phosphor und Schwefel mindern die Festigkeit des Productes. Auch Silicium erschwert die Entkohlung. Die Tiegel, die man als Umschmelzapparate verwendet, werden aus feuerfestem Thon hergestellt. Auch Kupolöfen werden verwendet. Zum Erhitzen der Tiegel werden die gleichen Oefen benützt, welche für gewöhnliche Gusswaaren gebraucht werden. Der quadratische oder kreisförmige Ofenraum hat 50 bis 60 cm Höhe und ist durch einen Rost abgeschlossen, auf dem die Unterlagen für die Tiegel aufstehen. Die Verbrennungsgase gehen durch einen seitlichen Fuchs nach der Esse. Die Mündung des Ofens liegt in der Höhe der Hüttensohle.

Die Oefen werden zumeist mit Coaks geheizt. Zuerst wird der Tiegel heiss gemacht, das Eisen durch einen Blechtrichter mit kleinen Eisenstücken, die vorgewärmt sind, eingebracht, dann genügend erhitzt. Hierauf wird der Tiegel herausgenommen, der Deckel abgeschlagen und das Eisen direct in die Formen gegossen. Die Schlacke hält man mit einem Holz zurück. Jeder Ofen hat meistens nur einen Tiegel, es gibt aber auch Oefen mit mehreren.

Das Doppelte des Eisensatzes wird an Coaks verbraucht. Mit dem Anwärmen des Ofens braucht man das 3- bis 4¹/₂fache. Bei ausgedehnten Anlagen wendet man mit Regeneratoren versehene Tiegelöfen an (Fig. 16 und 17, Tafel III). Die Gase bestreichen den canalartigen Raum, in welchem 18 Tiegel aufgestellt sind.

Zum Glühen verwendet man cylinderförmige Oefen, in welchen die Glühtiegel übereinander oft 3- bis 4reihig aufgestellt werden. Man gebraucht jetzt parallelpipedische Kammern, deren Sohlen in gleicher Höhe mit der Hüttensohle liegen. Eine Seite ist mit einer der ganzen Breite entsprechenden Thür versehen. Die Roste liegen zu beiden Seiten des Raumes. Die Flamme dringt in das Innere des Ofens und umspielt die Kasten, welche die Gusswaaren enthalten und gehen durch den First des Gewölbes ab.

Die Glühtöpfe sind aus Gusseisen hergestellt, entweder cylinder- oder würfelförmig. Die Wandung ist 1·5 cm, der Durchmesser 30 cm, und sie sind 40 cm hoch. Der Fassungsraum eines cylindrischen Gefässes ist in der Regel 20 bis 30 Kg und der Kasten auf 100 bis 120 Kg Gusswaaren hergestellt.

Quarzfreier Rotheisenstein wird als Glühmittel in Pulverform gebraucht. Der Phosphorgehalt übt keinen nachtheiligen Einfluss.

In Oesterreich und an anderen Orten wendet man auch gebrannten Spaten-Eisenstein oder geglühten Brauneisenstein an. Nach jedem Processe wird das Glühmittel erneuert, das alte wird gemahlen, gesiebt, mit Wasser besprengt und an der Luft behufs erneuerter Oxydation liegen gelassen. Beim Einsetzen in den Glühkasten wird der Boden des Gefässes mit einer 4 cm starken Schichte Glühpulver überschüttet, darauf kommt die erste Schichte der Gusswaaren. Zwischen den eingesetzten Gegenständen muss 1 bis 1·5 cm Raum bleiben und mit Glühpulver gefüllt werden. Zu oberst kommt eine Schichte von 1 bis 2 cm Glühpulver und dann erst eine Schichte frischer Gusswaaren. Gedeckt wird das Ganze mit einer Schichte von 4 cm Glühpulver und einer Sandschichte. Von Wesenheit ist es, jede Schichte aus gleich starken Gusswaaren zu bilden. Jedenfalls sollen stärkere Gussstücke an die heissesten Stellen des Ofens gebracht werden. Der Ofenraum wird langsam angefeuert. Bei schwachen Gusswaaren hat man in 18 bis 24 Stunden die erforderliche Temperatur erreicht. Man lässt den Ofen dann 24 bis 36 Stunden langsam abkühlen. Die Einsatzthüren werden hierauf geöffnet und die Gusswaaren mit Zangen herausgezogen.

Der Erzstahl.

Das kohlenstoffhaltige Eisen, welches man durch Zusammenschmelzen von Roheisen und Eisenoxyden unter Abschluss der Luft erhält, liefert den Erzstahl.

Ein sehr reines Material wird als Roheisen hiezu benützt. Man zerkleinert das Roheisen zu diesem Zwecke in Körner von Schrotgrösse. Als Entkohlungsmittel wird gerösteter Spatheisenstein, Rotheisenerz, auch Hammerschlag oder Garschlacke benutzt. Schmiedeisenstücke setzt man zu, wenn man weichen Stahl erzeugen will, während für harten Stahl auch Holzkohle benützt wird. Als schlackenbildende Zuschläge wird ausser

Braunstein auch feuerfester Thon beigesetzt. Die Beschickung gibt U c h a t i u s an für harten Stahl: granulirtes Roheisen 1·000 Gewichtstheile, Spatheisenstein 0·250 und Braunstein 0·015 Theile; für weichen Stahl: granulirtes Roheisen 1·000 Gewichtstheile, Spatheisenstein 0·250, Braunstein 0·015, Schmiedeisen 0·200 Gewichtstheile. Das Schmelzen wird in Graphittiegeln vorgenommen. Jeder Tiegel fasst 30 bis 40 Kg Roheisen sammt Zuschlägen. In je einen Windofen werden bis zwei Tiegel gegeben und mit Coaks oder Holzkohle geheizt. Hat man die Tiegel vordem einfach rothglühend gemacht, so dauert das Schmelzen 1¹/₂ bis 1³/₄ Stunden. An Coaks verbraucht man 2·3 bis 3 Gewichtstheile auf 1 Gewichtstheil Roheisen. Der flüssige Stahl wird in eiserne Form gegossen, wobei man aber die Schlacke sorgfältig entfernen muss. Die Erzeugung von Erzstahl in Tiegeln ist nur für geringe Production, bedarf viel an Brennmaterial und nur bei vorzüglichen Materialien kann man auf genügende Producte zählen.

Für schlechte Beschaffenheit des Stahles kann gezählt werden Phosphor- und Schwefelgehalt des Roheisens, Schwefelgehalt des Erzes, Siliciumgehalt des Roheisens und endlich Graphitgehalt des Roheisens. Hiezu kommt noch der Umstand, dass zu viel Erze angewendet und keine flüssige Schlacke erzielt wird. Auch eingemengtes Erz kann den Stahl unbrauchbar machen.

Das Stahlkohlen.

Bei der Berührung mit kohlenstoffhaltigen Körpern nimmt das schmiedbare Eisen Kohlenstoff an, selbst bei niederer Temperatur. Je höher jedoch die Temperatur und je inniger die Berührung ist, geht die Kohlung um so intensiver vor sich. Zwei Eisenarten von verschiedenem Kohlenstoffgehalt, die zusammengeschmolzen werden, bilden dann ein Material von mittlerem Kohlenstoffgehalt. Der Kohlenstoff theilt sich, so lange keine Schmelzung stattfindet, dem Eisen allmälig von Aussen nach Innen mit, so dass die nach Aussen liegende Schicht reicher daran ist, als die nach Innen liegende. Wenn glühendes Schmiedeisen in geschmolzenes Roheisen getaucht wird, erhält es eine kohlenstoffreichere, härtere Rinde. Grössere Mengen von verschieden gekohlten Eisen vereinigen sich nur dann, wenn sie gut durcheinander gerührt werden. Ist kein Oxydationsmittel vorhanden, so vertheilen sich alle übrigen Substanzen, wie Silicium, Mangan, Phosphor etc., gleichmässig.

Das sauerstoffhaltige Eisen ist für technische Zwecke nicht verwendbar. Es zeichnet sich durch grosse Krystalle aus und wird am Zusammenschweissen durch die dazwischenliegenden Oxydoxydultheilchen gehindert. Man entzieht den Sauerstoff durch die Verbindung des oxydirten Eisens mit Kieselsäure zu einer flüssigen Schlacke, oder durch Reduction; diese erfolgt durch Kohlenstoff, Mangan oder Silicium.

Der Flussstahl.

Dieser wird erzeugt durch Zusammenschmelzen von Schmiedeisen mit Roheisen. Dieses geschieht auf dreifache Weise:

1. festes Schmiedeisen wird mit festem Roheisen geschmolzen;

2. festes Roheisen wird im flüssigen Schmiedeisen geschmolzen, oder

3. festes Schmiedeisen wird im flüssigen Roheisen geschmolzen.

Das nach der ersten Methode erzeugte Product nennt man Tiegelgussstahl, weil man diese in Tiegeln ausführt. Die zweite Methode ist dem Bessemerfrischen ähnlich, man bezeichnet daher das Product Bessemerflussstahl. Die dritte Methode wird zumeist in Flammöfen durchgeführt, man nennt daher das Product Flammflussstahl. Nur wenn mit der Flussstahlarbeit eine unmittelbare Reduction von Eisenerzen verbunden ist, nennt man das Product Rennflussstahl.

Das gewonnene Product ist immer giessbar und wird daher immer in Blockformen gestaltet und einem Dichtprocesse unterzogen.

Tiegelgussstahl.

Die Schmelzung von festem Schmiedeisen und festem Roheisen ohne Verlust an Kohlenstoff ist nur möglich, wenn man den ganzen Process in Tiegeln ausführt, da dadurch der Luftzutritt verhindert ist und daher die Entkohlung des Roheisens nicht eintreten kann. Auch mit günstigem Erfolge wurde das Schmelzen von Schmiedeisen und Roheisen im Kupolofen bei reducirender Atmosphäre vorgenommen.

Das Schmelzen geschieht grösstentheils in Tiegeln aus Graphit oder feuerfestem Thone. Die Materialien können von minderer Beschaffenheit sein, denn die Schmelztemperatur kann eine geringere sein als bei Gussstahlerzeugung. Nur muss das Material in kleinen Stücken angewendet werden, indem man das Gusseisen durch Hämmer und das Schmiedeisen mit Scheren verkleinert. Die Materialien müssen möglichst frei von Phosphor und Schwefel sein, denn beim Processe geht von diesen nichts ab. Ebenso muss das Roheisen frei von Silicium sein, was aber nicht in Bezug auf Mangan gilt, da dieser leicht eine Verbindung mit Kieselsäure eingehen kann und keine eisenreiche Schlacke zulässt.

Es wird daher zur Tiegelgussstahlerzeugung nur weisses Roheisen verbraucht, auch grösstentheils Spiegeleisen. Die im Tiegel eingeschlossene Luft soll nur genügen, um das Silicium zu oxydiren. Ein Eindringen der Luft kann nicht während des Schmelzens, wohl aber beim Herausnehmen der Tiegel und beim Giessen stattfinden. Die Tiegel werden hellrothwarm in den Ofen eingesetzt. Der Ofen wird schon früher glühend gemacht. Zur Untersuchung des Flüssigkeitsgrades ist am Tiegel eine kleine Oeffnung angebracht. Der Ofen wird mit Coaks oder Holzkohle gefüllt, so dass die Dünnflüssigkeit bei einer Füllung erfolgt. Die Tiegel werden sodann mit Zangen herausgehoben und direct in die vorbereiteten Formen gegossen. Das aus reinem Schmiedeisen und Roheisen gewonnene Product ist besonders gut geeignet als Stahlsorte zum directen Guss, wie z. B. für Herzstücke. Doch für grössere Production eignet sich dieses Verfahren nicht, weil viel Brennmaterial erfordert wird, jedenfalls ist derselbe für besonders haltbare Gussstahlwaare zu verwenden, besonders für Bestandtheile der Maschinen.

Bessemerstahl.

Das Zusatzeisen wird immer im geschmolzenen Zustande verwendet. Man wendet jetzt allgemein für das Umschmelzen, besonders des Spiegeleisens, Kupolöfen an, doch darf nur guter Coaks verwendet werden. Das Spiegeleisen wird nur am Ende jeder Charge gebraucht, der Kupolofen wird daher nicht immer im Betriebe erhalten. Man baut daher den Ofen möglichst klein. (Fig. 18.) Die Spiegeleisen-Kupolöfen erhalten daher nur selten einen besonderen Vorherd, sondern einen Sammelherd mit

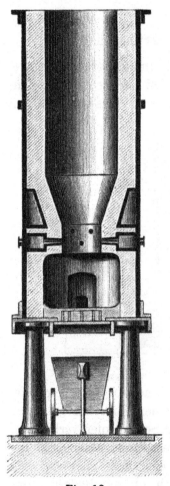

beweglichem Boden. Der aus Chamotte aufgestampfte Boden wird von einer um ein Charnier drehbaren Klappe getragen. Der Herd ist dem Stichloch zugeneigt, verengt sich nach oben und es münden 2 Reihen von Windformen in den engeren Theil. Den Wind empfangen diese von den ringförmig den Ofen umgebenden Kästen. Ueber die Formebene erweitert sich der Schacht und geht cylindrisch aus. Das flüssige Spiegeleisen wird zur Birne geführt mittelst eines Gerinnes. Dieses wird durch eiserne Böcke gestützt und besteht aus einer dreieckig geformten gusseisernen Unterlage, welche mit Sand ausgefüttert ist. Der Brennmaterialverbrauch ist in den Kupolöfen geringer als in den Flammöfen. Dieser Verbrauch sinkt noch bei einem regelmässigen und lebhaften Betriebe und beträgt kaum ein Viertel des Verbrauches in Flammöfen. Doch besteht die grösste Schwierigkeit in dem Zerstören des Ofens beim Spiegeleisenschmelzen, welches den feuerfesten Thon angreift. Doch gewährt einen Schutz die Kühlung durch Wasser, und der dadurch bedingte grössere Verbrauch an Brennmaterial wird durch die geringeren Reparaturen bei weitem aufgehoben.

Fig. 18.

Der Spiegeleisenzusatz dient dazu, um dem gänzlich entkohlten Eisen den nothwendigen Kohlenstoff zuzuführen und wird allenthalben sehr geschätzt. Das Spiegeleisen ist jedem graphitischen Eisen vorzuziehen, weil der Kohlenstoff nur im amorphen Zustande vorhanden ist.

Das Spiegeleisen wird im geschmolzenen Zustande zugesetzt. Bei Anwendung des kalten Spiegeleisens wird der erzeugte Flussstahl kurzbrüchig.

Flammofenflussstahl (Martinstahl).

Wird Schmiedeisen in einem Flammofenherd mit eingeschmolzenem Roheisen aufgelöst, so wird dadurch Flammofenflussstahl gebildet. Der Schmelzofen zum Flussstahl ist mit

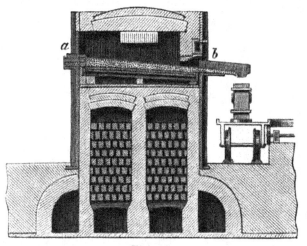

Fig. 19.

Regeneratoren versehen und wird mit Generatorgasen betrieben. Das Schmelzmaterial wird zuvor in einen Glühofen gebracht, doch ist auch oft der Glühofen mit dem Schmelzofen verbunden. Das flüssige Material wird in einer Giesspfanne gesammelt. Die Gussformen stehen entweder entlang des Ofens oder vor dem Abstich. Die Giesspfanne befindet sich oft auf Rädern. Das Regeneratorfeuer ist besonders dazu geeignet, eine hohe gleichmässige Temperatur im Schmelzofen zu erhalten. Dieser Ofen ist aus den Fig. 19, 20, 21 und 22 zu ersehen. Unter der Hüttensohle befinden sich die Regeneratoren. Auf Eisenplatten befindet sich der Herd und die Gewölbe geben einen hinlänglichen Raum, um Reparaturen vorzunehmen und es ist auch dienlich, um Luft zuströmen zu lassen, um den Boden zu kühlen.

Die Einsatzthür (*a*) befindet sich gegenüber dem Abstich (*b*).
Der Grundriss (Fig. 20, Tafel III) zeigt die Gas- und Luft-
zuführung, und aus Fig. 21 ist die Regulirung zu ersehen,
wozu Tellerventile benutzt werden. Es werden mit Vortheil
Reserveschachte (Fig. 22, Tafel III) angelegt, um keinen störenden
Unterbrechungen ausgesetzt zu sein. Wenn die Eisenunterlage
mit Thonbrei überzogen ist, wird die Herdsohle mit Sand ausge-
schlagen. Mit geringem Thongehalt wird der Sand plastischer
gemacht, er muss aber von Alkalien frei sein. Der Einsatz
wird regelmässig von 1500 bis 6500 Kg gemacht. Der Glüh

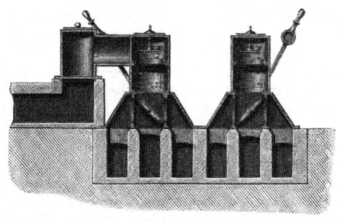

Fig. 21.

ofen besitzt eine Einsatzthür, welche dem Schmelzofen gegen-
überliegt und bedient ein Krahn beide Oefen.

Bei Fertigstellung der Sandsohle im Schmelzofen beginnt
der Process des Einschmelzens, wozu das Eisen in Bruchstücken
in heller Rothgluth verwendet wird. Erleichtert wird das Einschmelzen, wenn von der vorhergehenden Hitze noch ein Ueber-
rest von Stahlsumpf sich befindet. Nach Vollendung des Einschmelzens wird die Arbeitsthür geöffnet und mit einer Kratze
untersucht, wobei Ansätze losgebrochen und zum Schmelzen
gebracht werden. Das Metallbad wird dadurch umgerührt und
die Schlacke, welche gewöhnlich Kieselsäure noch enthält,
wird abgezogen. Ist nun der Ofen in grösster Temperatur, so
werden Stahlabfälle beigesetzt, bis der Einsatz ordentlich abgekühlt ist. Statt des Stahles gibt man auch Schmiedeisen,

welches aber vorgewärmt ist. Die Zusätze erfolgen partieweise in 50 Kg, dann aber in geringerer Menge von etwa 10 bis 20 Kg und wird nach jedem Zusatz das Bad mit Krücken gerührt und von Schlacke gereinigt. Der Masse wird der Kohlenstoffgehalt entzogen und durch Spiegeleisen wieder zugesetzt, um die Entkohlung des Roheisens zum gewünschten Gehalt zu führen.

Die Schlacke, die auf dem Bade sich befindet, muss eine hellgraue oder hellbraune Farbe haben, nur bei zu niederer Temperatur wird sie schwarz; diese muss sorgfältig abgezogen werden. Nach jedem Abzuge der Schlacke wird auch eine Schöpfprobe vorgenommen, damit man danach den Kohlenstoffgehalt untersuchen kann. Man macht die Probe im erkalteten und durch Eintauchen in Wasser gehärteten Zustande, durch Bruch. Die Dauer des Processes ist 6 bis 7 Stunden und man kann mit Einschluss der Reparaturen 3 Hitzen in 24 Stunden machen. Bei grösseren Einsätzen jedoch kann man nur auf 2 Hitzen rechnen. Nach dem Zusatze von Spiegeleisen wird noch gut umgerührt und dann ohne Zögern abgestochen.

Sowohl das Roheisen als das Schmiedeisen oder Stahl müssen phosphorfrei sein, weil durch den Process nichts davon verloren geht, nur der Schwefelgehalt wird durch den Process theilweise verringert. Soll weiches Eisen erzeugt werden, so wird als Reductionsmittel Ferromangan verwendet, da dadurch der Phosphorgehalt weniger empfindlich ist. Die Abfälle kommen selten unter 10 bis 12 Procent. An Feuerung werden 60 bis 70 Kg Kohle verbraucht, bei den österreichischen Werken oft 140 bis 160 Kg.

Cementstahl.

Dieser Stahl wird durch Kohlung von Schmiedeisen erhalten ohne das Product flüssig zu machen. Das Kohlungsmittel besteht aus Holzkohle. Diese Kohlung schreitet beim erhitzten Eisen von der Rinde zum Kern allmälig fort durch Molekülwanderung.

Bei Vornahme des Processes wird stabförmiges Schmiedeisen in Holzkohlen eingepackt und zu einer Kupferschmelzhitze erwärmt. Um den Cementationsprocess nicht lange zu verzögern, müssen immer frische Kohlen zugeführt werden. Die Stäbe, welche zur Cementation gebraucht werden, zeigen an der Oberfläche Blasen und rühren diese von den eingeschlossenen Gasen her. Die Behälter, welche die Holzkohle und die zum Cementiren bestimmten Stäbe aufnehmen, werden mit Kisten bezeichnet. (Fig. 23 und 24.) In der Mitte des Ofens befindet sich der Rost, der ganz der Länge nach durchgeht; dieser ist mit zwei Aufschüttthüren versehen. Die Feuerung ist um die Kisten in einer grossen Zahl von Canälen zugänglich. Die Canäle münden unter einem Gewölbe aus. Durch kleine Essen werden sie in bestimmter Höhe abgeführt. Die Kisten sind entweder nur einzeln oder mehrere bis drei um den Ofen

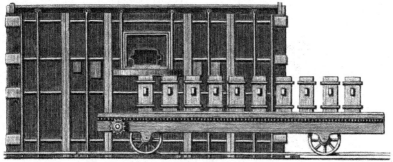

Fig 23.

angebracht. Sie werden nicht immer aus Sandstein, sondern auch aus Ziegeln mit einem Mörtel aus feuerfestem Thon hergestellt. Der verticale Querschnitt ist ein quadratischer oder oblonger. Die Dimensionen sind 2·8 bis 3·4 m lang, 0·7 bis 1·10 m hoch und 0·7 bis 0·9 m breit. Die Oefen werden zumeist mit einem Fassungsraum auf 15.000 bis 20.000 Kg Eisen angefertigt.

Auf der Sohle der Kiste kommt eine Schichte von trockenem Sand oder Thon ausgebreitet, welche den Luftzutritt hemmen soll und darauf wird 60 mm starke Schichte Holzkohlen gegeben. Die Kohlen werden sorgfältig gesiebt und nur von bestimmter Grösse, etwa 6·5 bis 19·6 mm Stärke, zugesetzt. Vor der Anwendung wird die Kohle befeuchtet, um das Stauben zu vermeiden. Auf diese Kohlenschichte kommen die Eisenstäbe flach gelegt, doch sollen sie sich nicht berühren und sollen möglichst schlackenfrei sein. Auf diese wird wieder eine Lage Holzkohle gegeben und die Zwischenräume gut ausgefüllt. Zu oberst wird noch eine Lage von Stahlschleifstaub gestreut, dieses gibt beim Erhitzen eine kieselsaure Schlacke, die durchsickert, den Austritt der Gase zulässt, aber doch das Eisen vor Luft schützt.

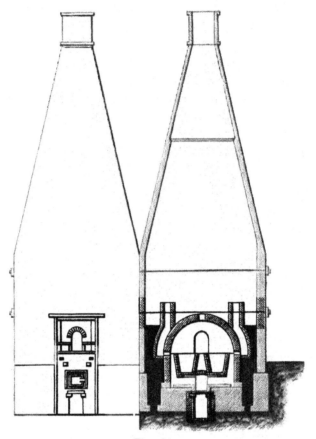

Fig. 24.

Die Räume bei den Kisten und Oefen werden gut vermauert so dass keine Luft zutreten kann. Man feuert die Oefen mit Holz oder Torf. Man ist bei der Feuerung achtsam, um jeden Temperaturwechsel zu vermeiden. An 7 bis 10 Tage dauert die Kohlung, je nachdem Federstahl oder Gärbstahl gewonnen werden soll. Einige Stäbe lässt man durch die Probeöffnung herausreichen, um sie als Probe zu entnehmen, sie müssen aber gut verwahrt sein, um den Luftzutritt zu vermeiden. Je kleiner und zahlreicher die Blasen an den Stäben sind, desto besser ist der Stahl. Die fertigen Stäbe lassen sich leicht zerbrechen, sie zeigen beim Bruche eine gelbliche, matte Farbe.

Eine Oberflächencementation haben früher auch die Eisenbahnschienen erhalten. Man legt zu diesem Behufe die Schienen mit dem Kopfe in eine Kohlenschichte und den Fuss in eine Schichte Thonpulver und verwendet hiezu verdeckte Kisten. Die Radreifen packt man in ringförmige Kisten, die in Oefen mit kreisförmigen Rösten stehen.

Die Kunst der Walzen-Calibrirung.

Die Calibrirung, d. i. die Einschnitte in den eisernen Walzen, bedingen die Form oder das Profil, welche das Eisen, das bestimmten Zwecken dienen soll, annehmen muss. Sowohl beim Eisen als beim Stahl wird dadurch auf die qualitativen

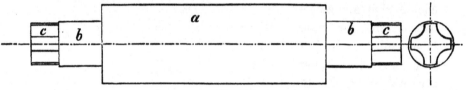

Fig. 25.

Eigenschaften gewirkt und es ist daher entscheidend für das Material, wie dasselbe zur Erreichung des gegebenen Profils behandelt wird.

Die Eigenschaften des Materials sind so verschiedener Natur, dass das Warmprofil stets einer eigenen Form unterliegt und nach dem die ganze Calibrirung eine dementsprechende Gestaltung annimmt. Es ist daher Erfahrung des Hüttenmannes nothwendig und es bedarf der Umsicht des Ingenieurs und eines gereiften Urtheils über die Gestaltung der Profile, um mit gewandter Hand die besten herauszufinden, welche die Eigenschaften des Materials nicht verringern.

Die Walze besteht dem Wesen nach (Fig. 25) aus dem Ballen *a*, den Laufzapfen *b b* und den Kuppelzapfen *c c*. Die Laufzapfen lagern in den Ständern, während die Kuppelzapfen zur Kupplung der Wellen dienen. Die Kupplung besteht aus Spindel und Kuppelmuffe.

Die mit Einschnitten versehenen Walzen unterscheiden sich in Vor- und Fertigcaliber. In ersteren wird das Eisen vorgeschweisst, in den zweiten fertig gewalzt und das geeignete Profil dem Material gegeben. Begrenzt wird das Caliber durch die Ränder der Walzen. Diese sind entweder offene, wenn diese aufeinander gehen, oder geschlossen, wenn nur eine Walze Ränder hat, die einschneiden in Ballen der anderen Stauchcaliber oder stehende sind dazu, der Masse jene Breite zu geben, die es für das folgende Caliber nothwendig hat. Bei der Bestimmung des Stauchcalibers ist die Ausbreitung der liegenden Caliber massgebend und muss derart gewählt werden, dass das Stück leicht von einem Caliber in das andere fällt.

Für die Vorcaliber eignen sich am zweckmässigsten die Spitzbogencaliber, weil es hier auf Zusammenpressen ankommt. Besonders ist dieses bei Puddelluppenkolben der Fall. Es handelt sich hier darum, die einzelnen Eisenkrystalle zu

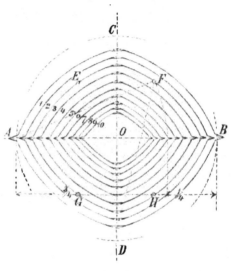

Fig. 26.

schweissen und die zwischen ihnen enthaltene Schlacke auszupressen. Da der volle Druck von den Walzen in der Richtung der durch ihre Achsen gelegten verticalen Ebene ausgeübt wird, so muss der günstigste Querschnitt der Furche der eines auf der Ecke stehenden Quadrats sein und die Furchung in der Aneinanderreihung in ihrer Grösse entsprechend abnehmender Quadrate bestehen. Der Luppenkolben wird zu einem kreisförmigen Querschnitt gewalzt. Die Diagonale des erstern gibt das Anhalten für den Constructionskreis des ersten Calibers. Dieser bekommt den entsprechenden Durchmesser AB (Fig. 26). Auf den beiden rechtwinkligen Durchmessern trage man $^{1}/_{8}$ der Breite AB als Höhe $OC + OD$ auf, schlage dann Kreise mit

$^3/_4$ AB um A, B, C und D und schaffe so in den Schnitt-
punkten die Mittelpunkte für die Spitzbogenkreise. Die Höhe
des ersten Calibers wird gleich der Breite des zweiten u. s. f.
Die Erweiterung in der Breite geschieht auf folgende Weise:
$^1/_8$ bis $^1/_{10}$ des Horizontaldurchmessers wird von den Schnitt
punkten der Spitzbogen auf der Horizontalen nach aussen abgetragen, die Hälfte dieser Ausladung über und unter dem Hori
zontaldurchmesser am Spitzbogen angetragen und durch diese
so erhaltenen Punkte ein Kreisbogen gelegt, welcher die Furchen-
bogen tangirt.

Die Differenz in den Querschnitten der aufeinanderfolgenden
Caliber ist die Abnahme oder der Druck; ebenso bilden die
aufeinanderfolgenden Querschnitte das Abnahmeverhältniss. Da
das Eisen nach allen Dimensionen beim Erkalten schwindet, so
muss das in der Walze fertigzustellende Caliber gegenüber der
thatsächlichen Form um das Schrumpf- oder Schwindmass vergrössert werden. Das Profil, welches man mit Bezug dessen
construirt, heisst auch das warme Profil.

Bei den Walzcalibern ist daher auf Zweierlei Rücksicht zu
nehmen, und zwar:

1. auf die Abnahmeverhältnisse
2. auf die Form der Caliber.

Bei der ersten Bestimmung muss Rücksicht genommen
werden auf die qualitativen Eigenschaften des Materials. Es
kann z. B. Eisen, das dem Kaltbruch angehört, eine grosse
Dehnbarkeit vertragen. Jedoch verlangt das sehnige Eisen, das
Feinkorn und auch der feinere Stahl ein mittleres Abnahmeverhältniss. Auch bei dem rothbrüchigen Eisen muss eine geringe
Abnahme stattfinden, oder es muss ein starker Druck in den
Walzen herbeigeführt werden, dass es möglich wird, das Profil
mit wenig Caliber zu erzielen. Jedenfalls müssen die Profile
vollkommen fertig werden, noch bevor die Rothglühhitze erreicht wird.

Eine geringe Abnahme verlangt auch harter Stahl, nur aber
muss die Abnahme im Verhältniss zum Querschnitte der Caliber
sein, damit die Streckung gleichmässig erfolgt. Bei der Bestim
mung der Abnahme muss besonders Rücksicht genommen werden
auf die Stärke der Walzen und die Kraft der Maschine.

In Bezug der Form der Caliber unterscheidet man gewöhnliches Stabeisen und Façoneisen. Die ersteren haben nur einfache Profile, während die letzteren vielfache mehr zu berücksichtigende Profile haben.

Man gibt den Packeten so weit als möglich die Form, welche schon die Profile annehmen sollen, so dass die ersten Formen schon in dem Caliber der Vorwalzen hervortreten, weil die nothwendige Abweichung von der Gleichmässigkeit der Abnahme der Caliberdimensionen weniger empfunden werden. Die relative Festigkeit muss bei den Walzen berücksichtigt werden in Bezug ihrer Inanspruchnahme, in Betreff der Grösse des Walzenstückes und der Qualität des Materials.

Bei Stabeisen und Blechen nimmt man die Ballenlänge gleich 3, höchstens $3\frac{1}{2}$ des Walzendurchmessers. Für schweres Profileisen und Gussstahlblechwalzen ist es genügend, die Ballenlänge $2\frac{1}{2}$mal so gross als der Durchmesser zu wählen. Die Laufzapfen sind bei Caliberwalzen $\frac{1}{2}$mal so gross als der Durchmesser und die Länge macht man ebenso gross. Bei Blechwalzen kann die gleiche Länge für die Laufzapfen gewählt werden, deren Durchmesser muss aber $\frac{2}{3}$ des Ballendurchmessers betragen. Der Durchmesser der Kuppelzapfen ist etwas schwächer als der des Laufzapfens, seine Länge beträgt $\frac{3}{2}$ desselben. Die Caliber sollen die Walze nicht um $\frac{1}{4}$ des Durchmessers schwächen. Jedes tiefergehende Caliber wird gegen das Ende der Walze gelegt.

Die Abnahme der Caliber kann bei den Vorwalzen grösser genommen werden als bei den Fertigwalzen. Hier muss die Abnahme eine regelmässige sein. Je nachdem die Caliber der Vorwalzen für Eisen oder Stahl bestimmt sind, ist die Abnahme $\frac{1}{8}$ bis $\frac{1}{15}$, die Luppenwalzen $\frac{1}{5}$ bis $\frac{1}{7}$ und die Walzen mit geschlossenen Calibern von $\frac{1}{3}$ bis $\frac{1}{4}$. Im Allgemeinen bleibt die Abnahme zwischen $\frac{1}{4}$ und $\frac{1}{15}$. Die Hilfsmittel, die man zum Construiren der Walzen braucht, sind folgende: Proportionalzirkel, mit denen man $\frac{1}{2}$, $\frac{2}{3}$, $\frac{3}{4}$, $\frac{4}{5}$, $\frac{5}{6}$, $\frac{4}{7}$ bis $\frac{20}{30}$ abgreifen kann. Um die gleichmässige Abnahme der Caliber zu controliren, pflegt man dieselben aus Zeichenpapier auszuschneiden und abzuwägen. Bei dieser Abwage bedient man sich oft statt der Gewichte quadratcentimetergrosser Stücke desselben Papiers, um die Abnahme als Fläche zu fixiren. Dieses Abwägen geschieht mit besonderer Vorsicht mittelst einer Goldwage.

Bei der Anwendung von drei Walzen übereinander werden die Spitzbogencaliber derart gebildet, dass $\frac{1}{8}$ Höhenabnahme in die Unterwalze und $\frac{3}{8}$ in die Mittelwalze fallen. Das $\frac{1}{8}$ Caliber der Mittelwalze genügt sowohl für oben als für unten. (Fig. 27, Tafel IV.) Hiedurch ist der Punkt D' bestimmt, von dem aus $D_1 C_1 - \frac{1}{8} DC$ abgetragen wird. Die Punkte E_1^1 und F^1 liegen dann wie G und H und der Bogen $A D B$ wird gleich dem Bogen $A_1 C_1 B$. Die Punkte G' und H' werden auch durch Beschreibung der Kreise A', C' und B' mit dem Radius $\frac{3}{4} A B$ ermittelt und von diesen aus die Kreisbögen der oberen Caliberhälfte beschrieben.

Die Höhe $C' D'$ ergibt sich nach Hinzufügung der Ausbreitung gleich $\frac{1}{16}$ der Breite $I K$. Dieser lässt sich mit Hilfe der Punkte E, F, G und H leicht zeichnen.

Mit der Zirkelöffnung $H I$ kann Caliber Fig. 27 hergestellt und nach demselben System fortgefahren werden. Die Spitzbogencaliber sind die zweckmässigsten, um die Massen gut zusammenzupressen und das Walzgut vor Blasen zu schützen.

Durch die Universalwalze und Staffelwalzen lassen sich die zumeist brauchbaren Dimensionen von Flacheisen herstellen, und sind calibrirte Walzen nur für die gangbarsten Sorten von Flacheisen anzuwenden. Die Caliber der Flacheisenwalze sind derart angeordnet, dass möglichst verschiedene Dimensionen damit gewalzt werden können.

Von der Vorwalze nach der Fertigwalze nimmt man eine Abnahme von $\frac{1}{3}$, bei den folgenden Calibern soll man $\frac{1}{8}$ nicht überschreiten. Nur die ersten zwei oder drei sind keine Fertigcaliber. Die verschiedenen Dimensionen erhält man durch Heben oder Senken der Oberwalze. Die Breite ist jedoch beschränkt und muss darauf gesehen werden, dass das Stück von einem Caliber zum anderen gut eingeführt werden kann. Um sie glatt zu machen, lässt man sie durch Polirwalzen mit geringem Druck gehen. Die Quadrateisenwalzen können sämmtlich zu den Fertigwalzen zählen. Die verschiedenen Dimensionen können wieder durch Heben oder Senken der Oberwalze erzeugt werden.

Die Stellung der Oberwalze wird immer durch Stell- oder Druckschrauben begrenzt. Diese gehen durch den Kopf der Walzenständer. In fester Verbindung mit den Druckschrauben stehen bei Getriebewalzwerken die Unterlager der Oberwalze, Fig. 28 und 29. Der gusseiserne Ständer ist durch die schmied eisernen Bolzen *e e* verstärkt. Die Stangen *g g* verbinden das

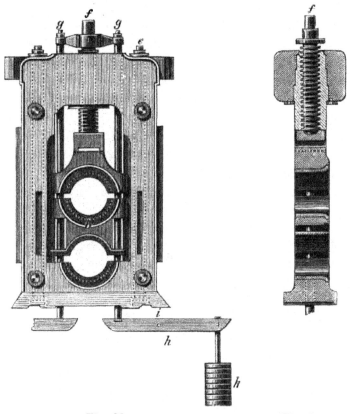

Fig. 28.   Fig. 29.

Querhaupt *m m* an der Druckschraube *f* mit dem Unterlager *b* der Oberwalze. Die Parallelität der Walzmäntel ist wegen der grösseren Breite des Eisens beim Blechwalzen wichtiger als beim Stabeisenwalzen, es müssen daher die Stellschrauben auf beiden Seiten gleichmässig angezogen werden. Um eine gleichzeitige Stellung der Stellschrauben bewirken zu können, verkuppelt man beide Hebelenden durch eine Stange. Bei Blechwalzwerken, die in der Regel sehr schwere Körper sind, wird

die Beweglichkeit noch durch ein Gegengewicht vermittelt.
Dieses Gewicht k hängt an einem doppelarmigen Hebel h, der
sich um die im Fundament lagernde Axe i dreht. Die Calibrirung für schweres Rundeisen wird folgendermassen hergestellt:
Für den bestimmten Durchmesser werden Kreise gezogen und
das Schrumpfmass zugerechnet. Unter einem Winkel von 45°
zu diesem werden die Durchmesser EF und GH gezeichnet,
(Fig. 30, Tafel IV), auf welchen die Punkte liegen, von denen
die Kreise gezogen werden. Diese Punkte werden bestimmt,
wenn man die Seite EH des eingeschriebenen Quadrates, von
den Ecken E, H, F, G Kreisbogen beschreibt, welche die Durchmesser in den zu findenden Punkten schneiden. Die Ecken der
halben Caliber werden abgerundet und der Abstand zwischen
diesen Abrundungen gibt den Spielraum zwischen den beiden
Walzen. Die zwischen den bestimmten Maassen der Caliber
liegenden Dimensionen können noch ohne erhebliche Abweichung
von der Kreisform, durch Auseinanderstellen der Walzen, hergestellt werden.

Das T-Eisen wird aus quadratischen Packeten ausgewalzt.
Der Regel nach werden die Caliber abwechselnd um 90° angeordnet (Fig. 31, Tafel V). In diesem Falle wird Steg und Fuss
abwechselnd gestreckt und die Caliber werden sämmtlich versenkt
in die Unterwalze gelegt. Der Uebelstand, der aus den grossen
verticalen Reibungsflächen entsteht, wird dadurch vermindert,
dass man das T-Eisen als dreistrahligen Stern walzt und vor
jedem Durchgang um 60° dreht, am Schlusse aber in einem
Freicaliber zwei Strahlen in eine gerade Linie bringt. Dabei
muss beachtet werden, dass der Winkel, welcher aus 60° in
180° überführt wird, in seinem Scheitel die nöthige Eisenmenge
hat, um nicht Risse zu bekommen. Schwere T-Eisen walzt
man in zwei Hitzen aus. Die Doppel-T-Eisenwalze (Fig. 32,
Tafel V) hat die Furchen immer nur in symmetrischer Anordnung.
Dieses ist auch der Fall, wo Stauchcaliber eingeführt sind. da
beide Füsse gleiche Breite erhalten. Diese können durch Seitendruck hinlänglich gestreckt werden. Je breiter die Füsse sind,
desto ungünstiger ist die Arbeit, man arbeitet daher durch
Packetirung vor, wie dieses Fig. 33 zeigt, jedoch dadurch wird
die Haltbarkeit des Eisens vermindert. Das Eisen muss bei

jedem Durchgange um 180° gedreht werden. Bei dieser Façon wurde das Universalwalzwerk mit guten Erfolg benützt. Der Steg wird dann durch das horizontale Walzenpaar ausgebildet. Die Füsse erhalten die Streckung in einem Doppelpaar Vertical-walzen.

Das U- und E-Eisen wird in einfachem Walzwerk damit erzeugt, indem man die Furchung mit der Herstellung eines Flachstabes beginnt, dieser ist dort, wo später die äusseren Ecken zu liegen kommen, mit Wulsten versehen, um das Material für die Umbiegung zu erhalten. Der Steg wird dabei grösstentheils im schwachen Bogen gehalten. In der Fertig-furche biegt man denselben gerade und die Füsse im rechten Winkel

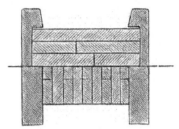

Fig. 33.

aufwärts. Fig. 34, Tafel V zeigt die Querschnitte der drei letzten Caliber. Gleichschenkliges Winkeleisen (Fig. 35, Tafel V) walzt man zuerst in einem Caliber vor, welches die convexe Seite nach oben hat, dann ohne Drehung stets in derselben Lagerung. Viel schwieriger ist die Walzung bei ungleichschenk-ligen Winkeln (Fig. 36, Tafel V), die Schenkel werden ab-wechselnd gestreckt. Der eine wird horizontal gelegt, der andere vertical gestellt, wenn die Winkel 90° betragen. Erleichtert wird die Walzarbeit, wenn man die Schenkel aufbiegt, wie besonders beim U-Eisen.

Die Fig. 37, 38 und 39, Tafel VI, zeigen die Caliber für die Lang- und Querschwellen des eisernen Oberbaues, System de Serres und Baltig, die in ihrer Gestaltung etwas complicirt erscheinen.

Eisenbahnschienen.

Man gestaltet das Schienenprofil vom warmen Profil aus. Daher vom letzteren, also warmen Profil auf die anderen Caliber zurück zu schliessen ist. Das Warmprofil differirt um das Schrumpfmass vom Kaltprofil.

Die Abnahmeverhältnisse sind in Fig. 40 bis 45 (Fig. 41, 42 und 45 auf Tafel VII) eingetragen und gelten für Schienen mit sehnigem Eisen in Fuss und Steg und Feinkorn im Kopf.

Das vorletzte Caliber zu dem letzten hat eine geringere Abnahme als in den vorhergehenden. Bei den Schienen ist sehr genau auf die Einhaltung des Profils zu sehen. Ebenso ist das Gewicht per Meter von grosser Bedeutung. Es darf

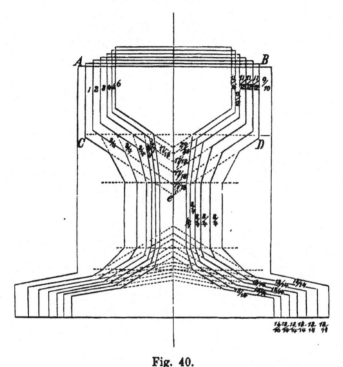

Fig. 40.

daher der Druck nicht stark sein, weil dadurch die Gleichmässigkeit leiden würde. Dadurch, dass das letzte Caliber kein vollständig geschlossenes ist und auf dem Scheitel des runden Kopfes getheilt ist, würde ein zu grosser Druck eine Naht hervorbringen, während Mangel an Stoff eine Fläche erzeugen würde. Die alte Methode, die Caliber des Fusses gleich dick zu halten, war die Ursache, dass die Füsse immer mit Rissen behaftet waren. Dasjenige der Caliber, dessen Fuss in die Oberwalze fällt, muss mehr Druck haben als die der Unterwalze. Es hat dieses seinen Grund darin, dass durch den grösseren Rand der Unterwalze das Material immer nach oben getrieben wird und auch beide reibende Flächen dieselbe Bewegungsrichtung haben, während in der Oberwalze nur die innere Seite nach unten treibt. Da nun die Schiene nach jedem Durchgange vom ersten Caliber ab um 180° gewendet wird, so wird diese Verstärkung des Fusses immer mit Ueberschlagung eines Calibers angebracht. Das Wenden der Schiene ist deshalb

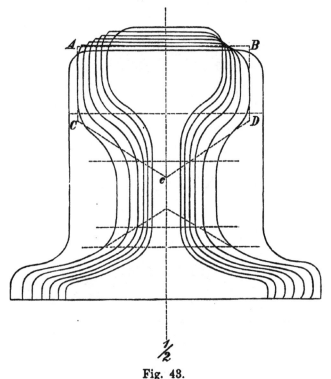

Fig. 43.

nothwendig weil die scharfe Kante des Fusses der Oberwalze in der Unterwalze wieder abgerundet werden muss, um einen Bart zu verhindern.

In der Anordnung der Caliber für die Fertigwalze ist zu berücksichtigen, dass die Oberwalze stets um 3 bis 6 mm dicker gehalten wird als die Unterwalze, um die Schienen beim Walzen nach unten zu drücken. Die Ränder der Unterwalze gehen konisch in die Oberwalze, damit der vollkommene Verschluss der Caliber sich herstellen lässt. Um das Verschieben der Walzen nach der Längenrichtung zu verhüten, gehen die Ränder tiefer ineinander und auch die Ständerlager ermöglichen eine seitliche Anstellung. Die ersten Caliber der Vorwalze bestimmen sich durch die Packete. Die Abnahme ist aber kleiner als bei den folgenden Calibern, weil sonst das Greifen der Walzen benachtheiligt wird. Durch eine solche Verzögerung kann leicht eine Abkühlung eintreten, die auf das Walzgut schädlich wirkt.

Caliber für Schienen von Gussstahl.

Die Eigenschaften des Gussstahls sind andere beim Walzen wie diejenige des Schmiedeisens und verursachen daher eine eigene Behandlung.

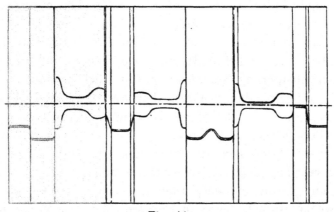

Fig. 44.

Der Gussstahl breitet sich nur wenig seitwärts, deswegen dürfen die aufeinanderfolgenden Caliber nur wenig Ausbreitung haben. Auch der Seitendruck muss schwächer gehalten werden. Es kann daher nicht wie bei dem Eisen der Mangel in der Höhe durch Zusetzen der Seite ergänzt werden. Erleidet ein Theil eines Calibers einen unverhältnissmässig grösseren Druck, so drängt sich nicht ein Ueberfluss von der anderen Seite als Ersatz zu den schwächeren, sondern der mehr gestreckte Theil reisst die anderen mit sich fort, ohne die Caliber auszufüllen. Dieses Vorgehen verursacht eine ungleiche Spannung in dem Material und später Sprünge und Risse. Die Ursache liegt immer darin, wenn der Gussstahl in solchen Walzen bearbeitet wird, die nicht nach richtigen Verhältnissen calibrirt sind. Der Gussstahl, wenn er auch weicher und zäher ist als Eisen, verträgt keine scharfen Einschnitte und keine ungleiche Bearbeitung. Der Uebergang der Façoncaliber muss ein allmäliger sein. Die Caliber müssen daher vermehrt werden, um succesive von der Quadratform in das gewünschte Façonprofil überzugehen. Die letzten Caliber in der Fertigwalze müssen auf allen Theilen einen gleichmässigen Druck erfahren. Die Fig. 40 bis 45 zeigen die entsprechenden Caliber für Gussstahl.

Fabrikation von Tyresringen.

Die Radreifen wurden früher aus Walzstäben vom erforderlichen Querschnitte, welche auf die richtige Länge geschnitten und vorgebogen wurden, durch Schweissung erzeugt.

Diese Schweissung senkrecht zur Peripherie des Rades hatte aber viele Uebelstände und war häufig trotz der sorgfältigsten Ausführung Veranlassung von Unglücksfällen.

Als man zu den Schienen härtere Materialien als Feinkorneisen und Puddelstahl zu verwenden begann, war man ebenfalls gezwungen, zur Fabrikation der Tyres härtere, kohlenstoffreichere Materialien zu verwenden, dadurch wurde aber die Schweissung noch viel schwieriger und unverlässlicher, so dass man gezwungen war, diese Art von Schweissung durch eine zweckentsprechendere zu ersetzen. Man erfand die spiralförmige Zusammensetzung des Rades.

Dieselbe bestand in der Hauptsache in einer spiralartigen Umwicklung eines Flacheisens um einen Dorn und in der Schweissung der auf diese Weise erhaltenen Spirale zu einem Ringe, welcher unter einem Hammer zu einem Radreife geformt wurde.

Die Ausarbeitung der Ringe war aber nicht nur zeitraubend, sondern auch kostspielig, deshalb suchte man die Façonnirung auf eine andere Art zu bewerkstelligen und gelangte auf diese Weise dazu, die Ringe auszuwalzen.

Später, als durch die Ausbildung der Gussstahlerzeugung, ganz besonders durch die epochemachende Erfindung Bessemers die Möglichkeit geboten war, Stahl in grösseren Mengen zu erzeugen und denselben in Formen zu giessen, ging man einen

Schritt weiter, indem man die Ringe directe durch Guss aus
Stahl erzeugte, dieselben unter Hämmern oder hydraulischen
Pressen verdichtete und dann auswalzte, oder indem man nach
einer zweiten Methode die Ringe aus Stahlblöcken unter Hämmern erzeugte.

Letztere Methode ist heute die allein gebräuchliche geworden. Derselben gebührt auch der Vorzug, weil durch sie
das Material einer grösseren, intensiveren Bearbeitung unterzogen
und hiedurch widerstandsfähiger wird.

Zur Tyresfabrikation wird Tiegelgussstahl, Martin- und
Bessemerstahl verwendet, je nach den Ansprüchen, die man
an die Festigkeit und Widerstandsfähigkeit des Rades stellt.

Nach den Beschlüssen des Vereins der deutschen Eisenbahn-Verwaltungen sollen die zu Tyres verwendeten Materialien
nachfolgenden Ansprüchen genügen:

	Festigkeit pro mm²	Con- traction	Qualitäts- zahl
Tyres für Waggonräder aus Besse-mer- und Martinstahl	45	35	90
Locomotivräder von Tiegelgussstahl	60	25	90
Tyres für Tender von Martin- und Bessemer- und von Tiegelguss-stahl	45	35	90

Das Schmieden der Tyresringe.

Heute verwendet man, wie schon erwähnt, zur Fabrikation
von Tyres ausschliesslich Stahl. Derselbe wird in Blöcken (Ingots)
von verschiedener Grösse und verschiedener Querschnittsform
der Fabrikation zugeführt. In einzelnen Werken war es bisher
üblich, die Ringe aus sehr grossen Ingots zu schmieden, welche
das Material für 6 bis 7 Tyres enthielten. Dieselben wurden
unter kräftigen Dampfhämmern zu runden Bramen geschmiedet
und dann auf Drehbänken in die entsprechende Anzahl von
Stücken getheilt, welche nochmals erhitzt zu Ringen verarbeitet
wurden. Heute verwendet man zumeist nur kleine Ingots, welche
Material für einen Tyres enthalten. Ebenso wie die Grösse
veränderte sich mit der Zeit durch die gewonnenen Erfahrungen
auch die Form der Ingots. Früher wurden ausschliesslich Blöcke

von octagonalem Querschnitt verwendet, während jetzt fast ausschliesslich solche von kreisrundem Querschnitt und schwach konischer Form Verwendung finden.

Die Ingots werden in Glühöfen erhitzt und unter Dampf-hämmern von circa 15 Tonnen Fallklotzgewicht gebracht. Hier werden dieselben zuerst in horizontaler Lage unter beständigem Drehen seitlich verdichtet, dann vertical aufgestellt und zu niedrigen, runden, stark konischen Kuchen niedergestaucht.

Mit Beginn der Stauchung wird mit der Formgebung be-gonnen, indem darauf hingearbeitet wird, dem Kuchen eine stark konische Form zu geben, um genügend Material an der richtigen Stelle zur späteren Formung des Spurkranzes zu haben. Dies wird durch Anwendung des Breiteisens erzielt, eines pris-matischen Stabes, welcher auf den Ingot aufgelegt, die Schläge des Hammers auf letzteren, bei fort-während dem Drehen des Ingots, ver-mittelt (siehe nebenstehende Skizze, Fig. 48). Dadurch wird das Material nach aussen gedrängt und der Block nimmt nach und nach die konische Form an. Ist derselbe bis auf ungefähr die 1¹/₂fache Höhe des fertigen Tyres gestaucht, so wird er gelocht. Dies erfolgt mittelst eines cylindrischen, kurzen Stahldornes, der durch kräftige Hammerschläge in den Kuchen vollständig eingetrieben wird, worauf der Kuchen auf zwei Unterlagen gelegt und der eingetriebene Dorn durch einen zweiten, auf denselben aufgesetzten Dorn und leichtere Hammer-schläge vollständig durch den Kuchen hindurchgetrieben wird. Damit ist der rohe Tyresring fertig. Derselbe erhält nun im Glühofen eine Nachhitze und gelangt dann zum sogenannten Hornhammer. Hier wird derselbe geweitet und die Façonnirung des Spurkranzes wird hier fortgesetzt.

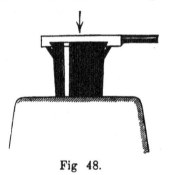

Fig 48.

Der Hornhammer ist ein Dampfhammer von circa 3 Tonnen Fallklotzgewicht von schnellem Gange, der seinen Namen von dem aus der vorderen Seite des Ambosses herausragenden Horn hat. Ueber diesen Dorn wird nun der Ring vertical gehangen. Derselbe bildet gleichsam den Untertheil des Gesenkes, während

4*

der Fallklotz des Hammers, der entsprechend façonnirt ist, den Obertheil dieses Gesenkes bildet. Der Hammer wird in Thätigkeit gesetzt und der Ring wird langsam gedreht, so dass alle Theile desselben das Gesenk passiren müssen. Auf diese Art wird derselbe geweitet, d. h. dessen Durchmesser durch Streckung vergrössert und die Wulst für den Spurkranz immer mehr herausgebildet. Der Ring wird auch horizontal auf den oberen flachen Theil des Ambosses gelegt und auch in dieser Lage

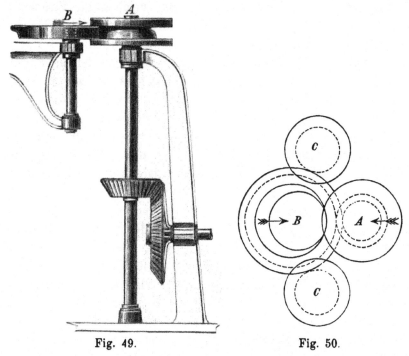

Fig. 49.   Fig. 50.

bearbeitet, um die im Gesenke eingetretene Breitung zu beseitigen und denselben vollständig eben zu erhalten. Der Ring erhält hier eine etwas geringere Höhe als der fertige Tyres. Nun wird derselbe zum drittenmal in den Glühofen eingesetzt, um für die Walzarbeit vorgewärmt zu werden.

Walzenconstruction und Calibrirung.

Der weitaus grösste Theil der heute im Betriebe stehenden Walzwerke besteht aus zwei vertical stehenden Walzen, von welchen die Walze A, Fig. 49 und 50, fest gelagert ist und durch

Kegelräder von der Maschine angetrieben wird, während die Walze *B* auf einen beweglichen Tisch gelagert ist, welcher durch einen hydraulischen Apparat der Walze *A* genähert oder von ihr entfernt werden kann.

Es liegt in der Natur der Sache, dass die Vorrichtung zum Auswalzen der Tyresringe derart beschaffen sein muss, dass der Ring über eine der Walzen geschoben werden kann. Die Walzen müssen demnach anders als die gewöhnlichen Walzen gelagert sein, die Theile, mit welchen die Streckung des Ringes vollführt werden soll, dürfen, damit das Ueberschieben des Ringes möglich sein soll, nicht. innerhalb, sondern ausserhalb der Lagerständer, an der Seite eines derselben sich befinden, d. h. die Walzwerke zum Tyres walzen müssen, sogenannte Kopfwalzwerke sein. Eine weitere Einrichtung derselben muss darin bestehen, dass die eine Walze der anderen genähert und auch von ihr entfernt werden kann, um den Ring in das Caliber einführen und den zur Streckung des Ringes nothwendigen Druck durch kräftiges Anpressen erzeugen zu können.

Gerade so wie beim einfachen Stabeisenwalzwerk sollte zur Herstellung der Tyres, der Ring nach jeder vollen Umdrehung in ein anderes Caliber eingeführt werden, damit auch hier wie dort die Querschnitte allmälig verjüngt, der eingetretenen Breitung aber durch breiter werdende Caliber oder durch Anordnung von Stauchcalibern Rechnung getragen werden könnte. Die Anordnung mehrerer Caliber nebeneinander ist aber mit constructiven Schwierigkeiten verbunden, oder würde sogar mehrere Walzwerke, von denen je eines ein Caliber enthält, erfordern. Immerhin wäre aber der Wechsel der Caliber selbst bei den zweckmässigsten Einrichtungen mit Zeitverlusten und dadurch bedingten Abkühlungen der Ringe verbunden, welche dem Walzprocess nicht nur Eintrag thun, sondern auch mehrfache Erhitzungen erfordern würden. Man zieht es daher vor, die Tyres in einem Caliber auszuwalzen, welches man durch ein allmäliges kräftiges Nähern der beweglichen Walze immer mehr und mehr verjüngt und auf diese Weise gleichsam eine spiralförmige Verkleinerung des Querschnittes eintreten lässt. Der Breitung trägt man dadurch Rechnung, dass man die Ringe um ein

Geringes niedriger, als das Fertigcaliber vorschmiedet, und ferner dadurch, dass man geschlossene Caliber anordnet.

Ausser den 2 Walzen, welche die eigentliche Streckarbeit vollführen, sind noch 2 Leitwalzen *C*, Fig. 50, vorhanden, die nur zur Führung des Ringes dienen und bei fortschreitender Streckung des Ringes durch Zahngetriebe und Schrauben zurückgestellt werden können.

Auf einen Unterschied, welcher sich bei der Walzung von Ringen im Vergleiche zu einfachem Stabeisen ergibt, wäre hier noch zur deutlichen Erklärung des Ringwalzens aufmerksam zu machen.

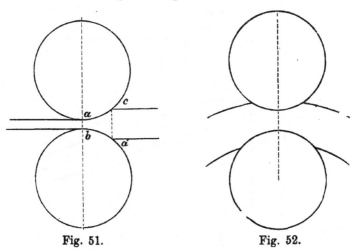

Fig. 51.   Fig. 52.

Während beim einfachen Stabeisen die Streckung zwischen der Mittelebene *a b* der Walzen und der Berührungsebene *c d*, Fig. 51, der Walzen mit dem ursprünglichen Querschnitte des Stabes erfolgt und zu dieser Arbeit die volle lebendige Kraft der rotirenden Maschine zur Verfügung steht, durch welche der Stab sozusagen in das Walzwerk hineingerissen wird, tritt der zu walzende Ring mit einem überall gleichen Querschnitt in die Walzen. Es muss demnach erst durch das Anpressen der Walzen an einer Stelle eine Einbiegung geschaffen werden, von welcher aus die Streckung erfolgt. Da aber nach Fig. 52 das verdrängte Material beinahe doppelt so gross ist, als bei einem einfachen Stabe, so wird die Streckung bei einem Durchgange des Ringes eine sehr geringe sein, umsomehr, als noch ein weiterer Umstand hindernd im Wege steht.

.Bei einem Ringe tritt der gestreckte Theil nicht frei und ohne Widerstand aus den Walzen, wie der Stab aus dem Stabwalzwerke, sondern derselbe wird durch den ungestreckten Theil zurückgehalten und gestaucht. Deshalb ist zur Streckung der Ringe ein weit grösserer Druck und eine weit stärkere

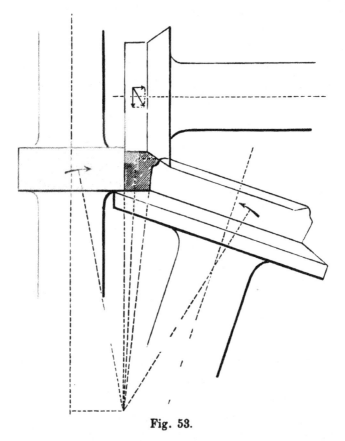

Fig. 53.

Maschine als zur Streckung der gewöhnlichen Stabeisensorten nöthig. Weil die Streckung bei einer Umdrehung eine geringe ist, muss man den Durchgang des Ringes häufig wiederholen und die Walzen einander beständig nähern. Die Streckung erfolgt demnach nicht wie beim Stabwalzwerk sprungweise von Caliber zu Caliber, sondern continuirlich.

Wie schon erwähnt, haben die Walzwerke mit 2 verticalen stehenden Walzen und einem einzigen geschlossenen Caliber die grösste Verbreitung. Man hat auch andere Walzwerke construirt, bei welchen 3 bis 4 Walzen das Caliber bilden; andere wieder, bei denen das Caliber aus 2 verticalen Walzen gebildet wird und die noch 2 horizontale Stauchwalzen haben, um die eingetretene Breitung zu beseitigen. Alle diese Constructionen haben sich jedoch nicht bewährt oder sind complicirt und kostspielig, ohne bessere Resultate als das einfache hier erwähnte und skizzirte Walzwerk zu liefern. Hier sei noch des in Hörde aufgestellten Walzwerks erwähnt, das ein Patent Vital Daelen's ist. Das Caliber wird von 3 Walzen gebildet, welche sich während des Walzens nach den eingezeichneten Richtungen einander nähern können. Dasselbe ist in Fig. 53 skizzirt. Die Vortheile desselben sollen folgende sein. Erstens verhältnismässige Compression aller Theile und somit gleichmässige Streckung, zweitens Vermeidung der für die Festigkeit nachtheiligen Verschiebungen, drittens Vermeidung der gleitenden Reibung, viertens Verhinderung einer Gratbildung, fünftens die Möglichkeit, in demselben Walzwerke verschiedene Profile zu walzen.

Ferner erwähnen wir noch des Saxson-Walzwerkes, wo der Reif in 4 Calibern ausgewalzt wird. Die Caliber liegen versenkt in einer Verticalwalze, welche gehoben wird, so dass dem auf einem Tische ruhenden und gegen die innere ungefurchte Walze gestützten Reif die Einschnitte der Reihe nach gegenüber geführt werden.

Die fertig gewalzten Radreifen kommen schliesslich auf eine Centrirmaschine, welche aus 3 genau verstellbaren, den Kreisbogen bestimmenden Rollen, sowie einigen Leitrollenpaaren besteht, um in die vollkommene Kreisform übergeführt zu werden.

Von der Centrirmaschine kommen die Tyres zum Erkalten in sogenannte Durchweichgruben, d. i. geschlossene Räume, in denen sie langsam unter Abschluss der Luft erkalten sollen, damit die durch das oftmalige Erhitzen und Schmieden entstandenen Spannungen einestheils beseitigt, anderntheils, dass hiedurch verhindert wird, dass nicht neue Spannungen durch rasche Abkühlung an der Luft entstehen können.

Der günstige Einfluss der langsamen Erkaltung ist durch die Erfahrung vielfach bestätigt und zeigt sich am deutlichsten bei den Schlagproben, indem Tyres derselben Charge ein viel besseres Verhalten aufweisen, wenn sie dieser Procedur unterworfen wurden.

Zum Betriebe eines Tyreswalzwerkes ist eine Dampfmaschine von circa 120 bis 150 Pferdekräften erforderlich, ausserdem aber noch eine Druckpumpen- und Accumulatoranlage zur Bethätigung der inneren Walze.

In der Beilage I bringen wir noch ein Muster, welches die Lieferungsbedingnisse für Lieferung von Tyres in Gemässheit der neuen Bedingungen enthält.

Beilage I.

Bedingnisse für die Lieferung von Tyres.

§ 1. Gegenstand.

Bedingnisse betreffen die Lieferung von Locomotiv-, Tender- und Wagen-Tyres aus Bessemer-, Martin- und Tiegelgussstahl.

§ 2. Material und Dimensionen.

Die zur Ablieferung gelangenden Tyres müssen folgenden Bedingungen entsprechen:

a) Sämmtliche Tyres müssen aus vollkommen homogenem Material, welches in allen Theilen den gleichen Härtegrad besitzt und eine gleichförmige Abnützung der Tyres sichert, erzeugt sein. Dasselbe muss folgende Eigenschaften besitzen.

	Zugfestigkeit beim Bruche in Kilogramm per 1 Quadrat-Millimeter (im Minimum)	Querschnitts-Zusammenziehung beim Bruche in Percent des ursprünglichen Querschnittes (im Minimum)
Bessemerstahl .	55	35
Martinstahl . . .	55	35
Tiegelgussstahl	60	35

b) Sämmtliche Tyres müssen genau nach den Profilzeichnungen, welche dem Lieferanten übergeben werden, und die einen integrirenden Theil der gegenwärtigen Bedingnisse bilden, ausgeführt sein.

Dieselben müssen vollkommen kreisrund sein, Lauffläche und Spurkranz müssen concentrisch zur inneren Fläche sein und diese muss senkrecht zur Spurkranz-Seitenfläche stehen.

c) Die in den Einzelbestellungen angegebenen Dimensionen müssen genau eingehalten werden.

Die Tyres dürfen insbesonders keinen grösseren inneren Durchmesser als den verlangten besitzen.

Eine Verminderung desselben unter das gegebene Maass wird im Maximum bis 2 mm tolerirt.

Ist der innere Durchmesser um mehr als 2 mm kleiner als der verlangte, so bleibt es der Verwaltung überlassen, die Tyres gegen Abzug des auf die Toleranzüberschreitung entfallenden Gewichtes zu übernehmen, oder dieselben zurückzuweisen.

d) Sämmtliche Tyres müssen rein und glatt gewalzt sein und dürfen keine äusserlich wahrnehmbaren Fehler besitzen. Dieselben dürfen daher an keiner Stelle Schiefer, Löcher, Schlackennester oder Risse zeigen.

§ 3. Fabrikszeichen, Monats- und Jahreszahl.

Jedem Tyre muss auf der dem Spurkranze entgegengesetzten Seitenfläche das Werkzeichen, das Jahr und der Monat der Lieferung deutlich und mindestens 6 mm tief so nahe dem Innenrande eingeschlagen werden, dass selbst nach dem Abdrehen des Tyre bis zur Stärke von 26 mm diese Marken noch erkennbar bleiben. Dieselben müssen so eingeschlagen werden, dass die untere Seite der Buchstaben und Ziffern gegen die Mitte des Tyre gerichtet ist; ferner muss bei jedem Tyre an der inneren Fläche der lichte Durchmesser mit mindestens 80 mm grossen Ziffern mit weisser Oelfarbe deutlich eingeschrieben sein.

Wird diesen Bestimmungen nicht Genüge geleistet, so werden die fehlenden Marken bei den sonst als übernahmsfähig erkannten Tyres sofort nach erfolgter Uebernahme auf Kosten des Lieferanten in der vorgeschriebenen Weise angebracht.

§ 4. Aufsicht in den Werkstätten des Lieferanten.

Die Verwaltung behält sich das Recht vor, die Erzeugung der Tyres durch ihre Organe überwachen zu lassen, und es verpflichtet sich der Lieferant, diesen Organen jederzeit den Eintritt in seine Werkstätten zu gestatten, und allfällige von denselben gemachte Bemerkungen in Beziehung auf die Ausführung dieser Bedingnisse zu beachten.

§ 5. Erprobung des Materiales.

Die Verwaltung behält sich vor, zur Constatirung der im § 2 a verlangten Eigenschaften des Materiales, Zerreissproben vornehmen zu lassen.

Hiefür gelten folgende Bestimmungen:

Von jedem Hundert der zur Uebernahme beigestellten Tyres (wobei ein angefangenes Hundert für voll zu rechnen ist) wird seitens der Organe der Verwaltung ein Tyre als Probe-Tyre ausgewählt. (Bei grösseren Bestellungen können die Tyres in Theillieferungen von je 200 Stück beigestellt werden.)

Aus jedem der ausgewählten Tyres werden 2 Segmente zur Herstellung der Versuchsstäbe herausgeschnitten, im dunkelrothwarmen Zustande vorsichtig gerade gerichtet und aus diesen Stücken sodann ohne weiteres Hämmern die Versuchsstäbe hergestellt.

Dieselben haben (nach den Angaben des Vereines der deutschen Eisenbahn-Verwaltungen) eine Gesammtlänge von 400 mm zu erhalten, sind in der Mitte auf 240 mm Länge mit 28 mm Durchmesser genau cylindrisch abzudrehen und beiderseits mit konischen Einspannköpfen zu versehen.

Die so erhaltenen und adjustirten Versuchsstäbe werden sodann den Festigkeitsproben unterworfen. Entspricht das probirte Tyresmateriale auch nur bei einem Versuchsstabe nicht den im § 2a angegebenen Bedingungen, so wird ein zweites Percent aus den zur Uebernahme beigestellten Tyres ausgewählt und der gleichen Probe unterzogen.

Ergeben sich auch hiebei, wenn auch nur bei einem Versuchsstabe, geringere als die oben angegebenen Zahlen, so wird die ganze zur Uebernahme beigestellte Menge zurückgewiesen.

In diesem Falle werden auch die zur Herstellung der Versuchsstäbe verwendeten Tyres dem Lieferanten nicht vergütet, während dieselben bei günstigem Ausfalle der Anzahl der übernommenen Tyres hinzugerechnet werden.

Die Kosten der Herstellung der Versuchsstäbe und der Zerreissproben trägt in jedem Falle die Verwaltung.

§ 6. Provisorische Uebernahme.

Die provisorische Uebernahme der Tyres geschieht auf dem von der Verwaltung hiezu bestimmten Orte durch einen oder mehrere Organe der Verwaltung und im Beisein des Lieferanten oder seines Vertreters.

Ist der Lieferant oder sein Bevollmächtigter nicht zugegen, so wird auch in deren Abwesenheit die Uebernahme vollzogen. Hiebei werden die gelieferten Tyres bezüglich der genauen Einhaltung der Dimensionen, ihrer Form und ihres äusseren Ansehens untersucht und die hierbei als nicht entsprechend befundenen ohne irgend welche Entschädigung dem Lieferanten zur Verfügung gestellt.

Die äusserlich entsprechend befundenen Tyres werden übernommen.

§ 7. Garantie.

Für die übernommenen Tyres bleibt der Lieferant noch weiter haftpflichtig, und zwar:

a) Bezüglich des Verhaltens bei der ersten Anarbeitung.

Sollten bei der ersten Anarbeitung der Tyres Mängel, wie die sub. § 2 *d* angeführten, hervortreten, oder sollten Tyres vor der Benützung springen oder reissen, so hat der Lieferant die als fehlerhaft erkannten Tyres unentgeltlich durch neue von gleicher Dimension und gleichem Material zu ersetzen und die aufgelaufenen Anarbeitungskosten zu vergüten.

b) Bezüglich des Verhaltens im Betriebe.

Der Lieferant haftet für das gute Verhalten der Tyres derart, dass jeder innerhalb fünf Jahren wegen Reissen oder mangelhaftem Material ausser Betrieb gesetzte Tyre unentgeltlich durch einen neuen Tyre von gleichem inneren Durchmesser, gleichem Material und der bei der Bestellung ausbedungenen Stärke zu ersetzen ist.

In diesem Falle ist jedoch eine Vergütung der Anarbeitungskosten nicht zu leisten.

Für die tadellose Qualität des Ersatz-Tyres hat der Lieferant bis zum Ablauf von fünf Jahren nach der ursprünglichen Lieferung des zu ersetzen gewesenen Tyres zu haften.

§ 8. Beistellung der Ersatz-Tyres.

Die Ersatz-Tyres, welche in Folge von Zurückweisungen bei der Uebernahme, oder in Folge der Garantie-Verbindlichkeiten unentgeltlich zu liefern sind, sind franco aller Spesen, eventuell auch verzollt, loco derjenigen Station, in welcher die betreffende Lieferung seinerzeit übernommen wurde, binnen längstens 8 Wochen beizustellen. Dagegen wird der schadhafte Tyre dem Lieferanten franco derselben Station zur Disposition gestellt, oder es wird demselben, falls er es vorzieht, der Preis, zu welchem die Verwaltung alte Tyres aus gleichem Materiale verrechnet, vergütet.

§ 9. Proben zur Constatirung der Fehler.

Bruchstücke zur Constatirung der Fehler werden dem Lieferanten nur über sein besonderes Verlangen und auch dann nur gegen Vergütung der auflaufenden Kosten franco loco der im § 8 bezeichneten Stationen, in welcher die Abwicklung des Ersatzgeschäftes stattfindet, zur Verfügung gestellt.

§ 10. Anerkennung der gelegten Rechnung.

Der Lieferant verpflichtet sich, die ihm von der Verwaltung gelegten Rechnungen über aufgelaufene Kosten, welche aus den im Vorhergehenden erörterten Gründen zu seinen Lasten erwachsen sollten, als richtig anzuerkennen, und verzichtet derselbe hiedurch im vorhinein auf das Recht der Einsprache.

§ 11. Caution.

Als Deckung für die richtige Ausführung der Bestellung ist, wenn es verlangt wird, eine Caution von 5% des Werthes der bestellten Tyres, und zwar spätestens innerhalb 14 Tagen nach Erhalt der Bestellung zu leisten.

Der Anspruch auf Rückzahlung dieser Caution kann erst nach der wahrscheinlichen Inbetriebsetzung der gelieferten Tyres, d. i. nach Ablauf eines Jahres von der Uebernahme an gerechnet, erhoben werden.

§ 12. Ablieferung.

Die Ablieferung der Tyres an die in den Einzelbestellungen angegebenen Depots hat zu den bestimmten Terminen und in den festgesetzten Mengen zu erfolgen.

Für jede Woche Verspätung wird ein Pönale von 2% des Werthes der zu spät gelieferten Tyres eingehoben und von der betreffenden Factura in Abzug gebracht.

§ 13. Verbot, abzutreten.

Es ist dem Lieferanten ausdrücklich verboten, irgend einen Theil der die gegenwärtigen Bedingnisse betreffenden Lieferung einem anderen Fabrikanten abzutreten, oder in einer anderen Fabrik als der seinigen anfertigen zu lassen, ohne hiezu eine ausdrückliche, förmliche und schriftliche Vollmacht der Verwaltung zu haben.

§ 14. Stempelgebühren.

Im Falle eines Vertragsabschlusses oder eines Schlussbriefes hat der Lieferant sämmtliche Stempelkosten zu tragen.

Das Original des Vertrages bleibt alsdann in den Händen der Verwaltung, dem Lieferanten wird auf Verlangen eine vidimirte Abschrift desselben ertheilt.

Fabrikation von Achsen für Eisenbahnfahrzeuge.

Seit es gelungen ist, Stahl in grossen Mengen von guter Qualität mit geringen Kosten zu erzeugen, verwendet man zur Herstellung der Locomotiv-, Tender- und Waggon-Achsen ausschliesslich Stahl und zwar Martin-, Bessemer-Stahl und Tiegelgussstahl.

Die Inanspruchnahme der Achsen von Eisenbahnfahrzeugen ist eine sehr intensive und complicirte. Dieselben sind nicht nur Torsions- und Biegungsmomenten ausgesetzt, sie haben auch noch ausserdem die Stosswirkungen der Fahrbahn, die Ein-

Vergleichende Zusammenstellung der bei den verschiedene

Post-Nr.	Bahnanstalten oder Vereine	Achsen-Material	Stütz-weite m		
1.	**Verein deutscher Eisenbahn-Verwaltungen** Beschluss v. 28. u. 29. Juli 1879	Bessemer- und Martinstahl	—	—	
		Tiegelgussstahl	—	—	
2.	**Verein deutscher Eisenhütten-Leute** Beschluss v. 28. u. 27. Mai 1891	Bessemer- und Martinstahl	1·500		
		Tiegelgussstahl			
3.	**Priv. österr.-ungar. Staatseisenbahn-Ges.** (vor 1883)	Bessemer- und Martinstahl	1·350		
		Tiegelgussstahl			
4.	**Dieselbe** (nach 1883)	Bessemer- und Martinstahl	—		
		Tiegelgussstahl	—		
5.	**K. k. Direction für Staatsbahn-Betrieb**	Bessemer- und Martinstahl	—		
		Tiegelgussstahl	—		
6.	**Königl. ungar. Staats-bahnen**	Bessemer- und Martinstahl	—		
		Tiegelgussstahl	—		
	K. k. a. priv. Kaiser Ferdinands-Nordbahn	Bessemer- und Martinstahl	—		
		Tiegelgussstahl	—		
	K. k. priv. Südbahn-Gesellschaft	Bessemer- und Martinstahl	1·500	200	
		Tiegelgussstahl	*)	80	
	Französische Ostbahn	Bessemer- und Martinstahl	1·950		rich
		Tiegelgussstahl	*)	20**)	
	Paris-Lyon-Mediterranée	Bessemer- und Martinstahl	1·400		
		Tiegelgussstahl	*)		
	Französische Südbahn	Bessemer- und Martinstahl	1·950 *)		
		Tiegelgussstahl			
	e chemin de fer du nord français	Bessemer- und Martinstahl	1·400 *)		und gerade geric 3mal. Dehnung d. gest ten Faser auf 20(Länge, dann gew und gerade geric 5 Schläge und g richten.
		Tiegelgussstahl	1·500 1·900**)		
	Chemin de fer de l'Etat belge	Bessemer- und Martinstahl			1 Schlag.

Bahnen vorgeschriebenen Fail- u. Zerreissproben für Ach

} 50	90	—	Ohne Rücksicht auf die Gattung des Materiales.
45	—	15	Contraction oder Dehnung. nicht aber beides. Garantie 4 Jahre
43 60		— —	
50 60		— —	
} 45		—	
42 —		—	
— 60		—	
45 60	25 —	Garantie 5 Jahre.	*)

**) Ach
   mes

*)

Garantie 2 Jahre.

**) Achsenschenkel abgebogen auf 20 m
   messen am Bunde in der Hohlkehle

180   *440*

*)

Probestab
200 mm
lang,
500 mm²
Querschn.

**)

130   *120*   *178*

wirkungen der horizontalen und verticalen Centrifugalkräfte und
des Bremsens aufzunehmen; und doch hängt von der Wider
standsfähigkeit und guten Beschaffenheit der Achsen die Be
triebssicherheit der Eisenbahnen in erster Linie ab.

Dass man unter solchen Umständen von Seite der Eisenbahnverwaltungen die weitgehendsten Ansprüche an die Qualität
des Achsenmateriales stellt, ist erklärlich und berechtigt.

Es ist andererseits nicht zu verkennen, dass durch die
grossen Entdeckungen auf dem Gebiete des Hüttenwesens, wie
des Bessemer-, Martin- und Thomas-Processes, und durch die,
hauptsächlich auf Anregung des deutschen Eisenbahn-Vereins
aufgestellten rigorosen Vorschriften für die Fabrikation der
Achsen und sonstigen Bestandtheile, diese Fabrikation sich
wesentlich vervollkommnet hat, so dass Achsenbrüche jetzt
ziemlich selten auftreten.

In beiliegender Tabelle. Beilage II, ist eine vergleichende Zusammenstellung der bei verschiedenen Bahnen vorgeschriebenen
Fall- und Zerreissproben für Achsen zusammengetragen.

Zum besseren Verständnisse dieser Tabelle ist Classification
des Eisens und Stahles, welche von den Technikern der deutschen
Eisenbahnen aufgestellt wurde und die im Allgemeinen den
thatsächlichen Verhältnissen entspricht, angefügt

A. Bessemerstahl, Gussstahl, Martinstahl.

I. Qualität: hart, Zerreissfestigkeit 60 Proc.; Contraction 25 Proc.
        mittel   »   55   »   »   35   »
        weich   45   »   45   »
II. Qualität: hart   55   »   20   »
        weich   »   45   »   30   »

B. Stabeisen.

I. Qualität: Zerreissfestigkeit 38 Proc.; Contraction 40 Proc.
II.   »   »   35   »   »   25   »

An der Hand dieser Daten ersieht man aus der Tabelle,
dass die Anforderungen der verschiedenen Bahnverwaltungen
ziemlich verschieden in Bezug auf die Härte und Festigkeit des
Materials, aber immerhin beträchtlich zu nennen sind, weiters
dass die österreichischen Bahnverwaltungen zumeist die Fall-
oder Schlagproben durch Zerreissproben ersetzt haben im

Gegensatze zu den französischen Bahnen, ferner, dass man nur
mittelharte oder weiche Sorten von Bessemer- und Martinstahl,
hingegen harte Sorte von Tiegelgussstahl zur Achsenfabrikation
verwendet wissen will.

Besonders interessant sind die unter Post 1 und 2 angeführten Proben.

In Post 1 sind die Proben des Vereines der deutschen
Eisenbahnverwaltungen angeführt; es werden zur Prüfung des
Materials nur Zerreissproben für nothwendig erachtet. Post 2
gibt hingegen die Bedingungen der deutschen Eisenhüttenleute an,
unter welchen diesen Achsenlieferungen annehmbar erscheinen.
Unter diesen Bedingungen ist die strenge Schlagprobe im Gegen-
satz zu der Zerreissprobe, welche im Vergleich zu der vom
deutschen Eisenbahnverein aufgestellten, als leicht zu bezeichnen
ist, auffällig.

Wie dem auch sei, man ersieht aus diesen Zusammen-
stellungen, dass die Ansichten über diesen Punkt bei weitem
noch nicht geklärt sind. Thatsache ist es, dass zur Achsenfabrikation nur weichere Stahlsorten von einer Zerreissfestigkeit von 45 bis 48 Kg pro 1 mm² und einer Contraction von
30 Procent des ursprünglichen Querschnittes die meiste Verwendung finden und sich auch in der Praxis am besten bewährt haben, und dass, um diesen Ansprüchen zu genügen,
der Stahl aus den besten Rohmaterialien auf sorgfältige Weise
erzeugt werden muss.

Die Fabrikation der Achsen nach nebenstehenden Typen
(Fig. 53) ist eine ziemlich einfache. Die Stahlingots enthalten
gewöhnlich das Material für
2 bis 4 von solchen Achsen
und haben ein Gewicht von
500 bis 1000 Kg.

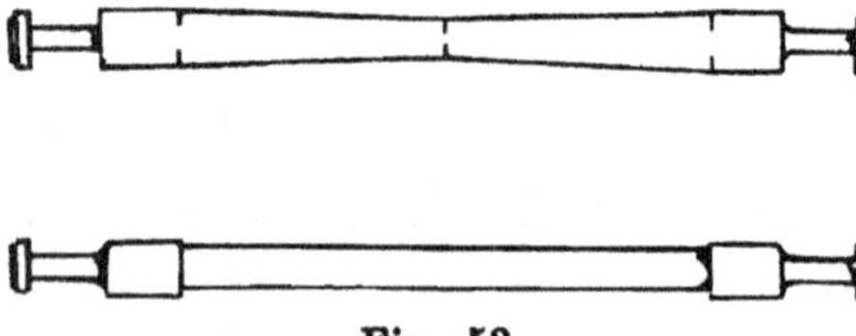

Diese Ingots werden
nun entweder in einem

Fig. 53.

kräftigen Walzwerke zu Rundstäben, deren Durchmesser einige
Millimeter mehr beträgt, als der Durchmesser der Stäbe ausgewalzt, mittelst Circularsägen auf die Länge der Achsen zer-
schnitten und dann auf Drehbänken zu Achsen façonnirt, oder
dieselben werden unter schweren Dampfhämmern zu Bramen

geschmiedet, unter leichteren Dampfhämmern roh façonnirt und auf Drehbänken vollendet.

Letztere Methode ist die gebräuchlichere und gilt allgemein als die zweckmässigere, weil das Material besser bearbeitet und verdichtet wird.

Der ersteren Methode wäre wohl nichts weiter beizufügen. Dieselbe hat den Nachtheil, dass gerade die gehärtete und verdichtete Oberfläche durch das Drehen in Wegfall kommt, welcher Nachtheil an den Achsenschenkeln am fühlbarsten durch die raschere Abnützung wird.

Bei der zweiten Methode werden die Ingots in Glühöfen erhitzt und unter Dampfhämmern von circa 20 Tonnen Gewicht auf den Querschnitt der Achsen heruntergeschmiedet, dann nochmals erwärmt und unter leichteren Dampfhämmern von circa 4 Tonnen Fallgewicht und rascherem Gange roh façonnirt. Gewöhnlich wird in der zweiten Hitze der Mittellauf der Achse und einer der Achsenschenkel in Gesenken, deren Ober- und Untertheil zackenartig verbunden sind (Fig. 54), daher auch

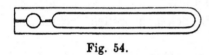

Fig. 54.

Zackengesenke heissen, hergestellt. Unter dieser Operation ist die Achse so weit abgekühlt, dass dieselbe nochmals erhitzt werden muss, um auf gleiche Weise den zweiten Schenkel zu schmieden.

In schlechter eingerichteten Werken werden die Achsenschenkel und die Mitte der Achse in 3 Hitzen vollendet, so zwar, dass in der ersten Hitze der Mittellauf, in den zwei folgenden je ein Achsenschenkel vollendet wird. In manchen Werkstätten war es üblich, um die Schenkel herzustellen, einmal nur die eine, später die andere Hälfte der Achse zu erhitzen, also nur sogenannte halbe Hitzen zu geben. Es braucht wohl nicht hervorgehoben zu werden, dass ein solcher Vorgang sehr nachtheilig für die Qualität der Achse werden kann.

Nachdem die Achse fertig geschmiedet ist, wird sie in den meisten Werkstätten in neuerer Zeit nochmals ausgeglüht und in geschlossenen Räumen oder Gruben unter Abschluss der Luft ruhig erkalten gelassen.

Der günstige Einfluss der langsamen Abkühlung auf die Homogenität des Materials ist durch mannigfaltige Versuche und Erfahrungen vielfach bestätigt worden, und es sollte dieser Vorgang bei allen Stahlschmiedestücken, auch bei Tyres eingehalten werden. Derselbe hat den Vortheil, dass die durch das Schmieden und oftmalige, nicht stets gleichmässige Erhitzen und Bearbeiten in den Achsen entstandenen Spannungen einestheils beseitigt, anderntheils dass hiedurch verhindert wird, dass nicht neue Spannungen durch rasche Abkühlung entstehen können.

Der günstige Einfluss der langsamen Abkühlung zeigt sich am deutlichsten bei den Schlagproben. Achsen derselben Charge zeigen bei dieser Probe ein viel besseres Verhalten als solche, welche dieser Procedur nicht unterworfen wurden.

Die auf solche Weise behandelten Achsen werden nun probeweise centrirt, d. h. sie werden untersucht, ob sie gerade sind. Grössere Abweichungen in dieser Richtung werden durch ruhigen Druck beseitigt. Schliesslich kommen die Achsen in die Drehbank und werden hier den vorgeschriebenen Dimensionen entsprechend an den Achsenschenkeln und Naben abgedreht und überdies werden hier noch die Schenkel mittelst Schmirgels polirt.

Einige Bahnen, so die Paris-Lyon-Mediterranée-Bahn schreiben vor, dass die Achsenschenkel vorerst nur bis auf einen 6 mm grösseren Durchmesser abgedreht, dann mittelst 400 bis 500 gr schweren Hämmern gehämmert werden müssen und erst nach Vollzug dieser Operation fertig gedreht werden dürfen. Diese Vorschrift hat den Zweck, die Achsenschenkel zu härten.

In der Beilage III bringen wir noch ein Muster, welches die Lieferungsbedingnisse für Lieferung von Achsen in Gemässheit der neuen Bestimmungen enthält.

Beilage III.

Bedingnisse für die Lieferung von Achsen.

§ 1. Gegenstand.

Bedingnisse betreffen die Lieferung von Tender-Achsen und Wagen-Achsen aus Bessemer-, Martin- oder Tiegelgussstahl.

§ 2. Zeichnung. Dimensionen der Achsen.

Die zu liefernden Achsen müssen genau die angegebenen Dimensionen haben.

Die Zeichnung bildet einen integrirenden Theil der gegenwärtigen Bedingnisse und stellt die Achse im abgedrehten und im rohen Zustande dar.

Die Lieferung der Achsen geschieht im rohen Zustande. Sämmtliche Dimensionen müssen thunlichst eingehalten werden und dürfen nicht geringer sein, als vorgeschrieben ist.

Ein Uebermass ist bei allen Stärke-Dimensionen um 2 mm, und in den Hohlkehlen der Stummel oder an den Stummel-Enden um je 5 mm gestattet.

Achsen von zu geringen Dimensionen werden zurückgewiesen; jene mit zu grossen Dimensionen können zwar übernommen werden, jedoch nur mit dem mittleren Gewichte der vorschriftsmässig dimensionirten Achsen.

Uebrigens behält sich die Verwaltung das Recht vor, auch solche zu gross dimensionirte Achsen zurückzuweisen.

§ 3. Material und Erzeugung der Achsen.

Die Achsen sind aus völlig homogenem Materiale bester Qualität, nach rationeller Methode zu erzeugen.

Dasselbe muss folgende Eigenschaften besitzen:

	Zugfestigkeit beim Bruche in Kilogramm per 1 Quadrat-Millimeter (im Minimum)	Querschnitts-Zusammenziehung in Percent des ursprünglichen Querschnittes (im Minimum)
Bessemerstahl od. Martinstahl	50	40
Tiegelgussstahl .	60	35

§ 4. Fabrikszeichen.

In der Mitte jeder Achse muss der Name des Werkes, sowie der Monat und das Jahr der Ablieferung der Achse mit vollkommen deutlichen Buchstaben und Ziffern eingeschlagen sein.

Wird dieser Bestimmung nicht Genüge geleistet, so werden die fehlenden Marken bei den sonst als übernahmsfähig erkannten Achsen sofort nach erfolgter Uebernahme auf Kosten des Lieferanten in der vorgeschriebenen Weise angebracht.

§ 5. Aufsicht in den Werkstätten des Lieferanten.

Die Verwaltung behält sich das Recht vor, die Erzeugung der Achsen durch ihre Organe überwachen zu lassen, und verpflichtet sich der Lieferant, diesen Organen jederzeit den Eintritt in seine

Werkstätte zu gestatten und allfällige von denselben gemachte Bemerkungen in Beziehung auf die Ausführung dieser Bedingnisse zu beachten.

§ 6. Provisorische Uebernahme.

Der Uebernahme der Achsen hat in der Regel eine Erprobung derselben auf Biegung in dem Werke des Lieferanten vorherzugehen, hinsichtlich welcher folgende Bestimmungen gelten:

Bei Bestellungen unter 200 Stück ist die ganze Anzahl, bei Bestellungen von 200 und mehr Achsen sind (mit Ausnahme des Restes) mindestens immer je 200 Stück zur Erprobung beizustellen.

Die Organe der Verwaltung wählen dann nach eigenem Ermessen und ohne Einflussnahme von Seite des Lieferanten ein Procent der beigestellten Achsen aus, wobei ein angefangenes Hundert als voll gerechnet wird.

An den Probeachsen werden die Stummel auf 80 mm abgedreht, sodann werden die Achsen auf scharfkantige, prismatische, 1·350 m von einander entfernte Unterstützungspunkte gelegt, durch Schläge mit einem wenigstens 500 kg schweren Fallklotze aus wenigstens 2·5 m Höhe, zweimal wiederholt, d. h. in gleicher Richtung auf 160 mm (von den Unterstützungspunkten aus gerechnet) durchgebogen und wieder gerade gerichtet.

Bei diesen Proben darf sich an der Achse kein wie immer gearteter Fehler zeigen.

Nach befriedigend ausgefallener Biegungsprobe werden eine oder mehrere, resp. auch alle erprobten Achsen behufs Constatirung des Gefüges gänzlich zum Bruche gebracht.

Entspricht auch nur eine der im obigen Sinne probirten Achsen den gestellten Anforderungen nicht, so ist ein weiteres Procent der zur Uebernahme beigestellten Achsen einer gleichen Probe zu unterziehen. Zeigen sich bei dieser zweiten Probe auch nur an einer der probirten Achsen wiederum Fehler, so wird die ganze Lieferung zurückgewiesen.

Die Verwaltung behält sich vor, ausser den Biegungsproben auch noch Proben zur Ermittlung der im § 3 vorgeschriebenen absoluten Festigkeit und Zähigkeit des Materiales vorzunehmen, und zwar ebenfalls mit einem Procent der zur Uebernahme beigestellten Achsen.

Zu diesem Zwecke wird aus jeder der ausgewählten Achsen aus der Mitte des Querschnittes der beiden Nabensitze je ein Versuchsstab ohne vorhergehendes Hämmern oder Erwärmen der Achse entnommen, und zwar ist derselbe nach den Angaben des Vereines der deutschen Eisenbahn-Verwaltungen mit einer Gesammtlänge von 400 mm herzustellen, in der Mitte auf 240 mm Länge mit 25 mm Durchmesser genau cylindrisch abzudrehen und beiderseits mit konischen Einspannköpfen zu versehen. (Siehe nachstehende Skizze Fig. 55.)

Die so erhaltenen und adjustirten Versuchsstäbe werden sodann den Festigkeitsproben unterworfen.

Entspricht das probirte Achsenmateriale auch nur bei einem der Versuchsstäbe nicht den im § 3 angegebenen Bedingungen, so wird ein zweites Procent aus den zur Uebernahme beigestellten Achsen ausgewählt und der Festigkeitsprobe in gleicher Weise wie oben angeführt, unterzogen.

Ergeben sich hierbei wieder, wenn auch nur bei einem Versuchsstabe, geringere als die im § 3 angegebenen Zahlen, so werden die ganzen zur Uebernahme beigestellten Achsen zurückgewiesen.

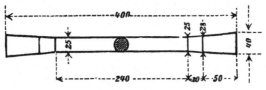

Fig. 55.

Die Kosten für die Herstellung des Fallwerkes, die Anarbeitung der Probeachsen für die Biegungsproben und die Ausführung dieser Proben trägt in allen Fällen der Lieferant; die Kosten für die eventuelle Herstellung der Versuchsstäbe und die Ausführung der Zerreissproben, sowie die Kosten, welche durch die Absendung der Organe erwachsen, trägt die Verwaltung.

Bei Bestellung von 50 Achsen oder mehr, hat der Lieferant die zur Vornahme der Biegungsprobe dienenden Achsen unentgeltlich beizustellen.

Die zur eventuellen Vornahme der Zerreissproben dienenden Achsen werden bei günstigem Ausfall dieser Proben von der Verwaltung dem Lieferanten bezahlt; bei ungünstigem Ausfalle und der dadurch bedingten Zurückweisung der angelieferten Achsen jedoch findet keine Bezahlung dieser Probeachsen statt.

Bei Bestellung von weniger als 50 Achsen werden, falls von der Verwaltung überhaupt Proben angeordnet werden, auch die für die Vornahme der Biegungsproben dienenden Achsen dem Lieferanten bezahlt, jedoch selbstverständlich ebenfalls nur bei günstigem Ausfalle dieser Proben.

Die allen vorstehenden Bedingungen entsprechend befundenen Achsen werden von den Organen der Verwaltung provisorisch übernommen und mit dem Stempel der Verwaltung bezeichnet.

§ 7. Garantie.

Für die gute Qualität und Ausführung der Achsen haftet der Lieferant drei Jahre vom Tage der Uebernahme an gerechnet.

Sollten sich bei späterer Bearbeitung der übernommenen rohen Achsen, wann immer dieselbe innerhalb der Haftzeit erfolgt, solche

Unvollkommenheiten in ihrer Qualität zeigen, dass sie deshalb nicht verwendet werden können, so ist der Lieferant verpflichtet, die fehlerhaften Stücke zurückzunehmen und durch gute zu ersetzen, sowie die Kosten der bereits geschehenen Bearbeitung zu vergüten.

Ebenso muss derselbe einen Ersatz entweder in baarem Gelde nach den bestehenden Preisen, oder in natura durch eine vollkommen bearbeitete Achse (franco tutto loco Ablieferungsstation) leisten, wenn eine Achse während ihrer Benützung innerhalb der Haftzeit bricht, oder wegen Anbruch oder irgend einem Materialfehler betriebsunfähig wird.

Die schadhafte Achse steht in solchem Falle dem Lieferanten am Orte der Ausserbetriebsetzung derselben zur Disposition.

Durch die Ueberwachung der Ausführung in den Werkstätten des Lieferanten seitens der Organe der Verwaltung, sowie durch die mit den Achsen vorgenommenen Proben erlischt keineswegs die Verantwortlichkeit des Lieferanten, sondern dieselbe endet erst nach Ablauf der vorgeschriebenen Haftzeit.

§ 8. Definitive Uebernahme.

Die definitive Uebernahme der gelieferten Achsen findet nach Ablauf der dreijährigen Haftzeit statt.

§ 9. Caution.

Als Deckung für die richtige Ausführung der Bestellung ist, wenn es verlangt wird, eine Caution von 5 Procent des Werthes der bestellten Achsen, und zwar spätestens innerhalb 14 Tagen nach Erhalt der Bestellung zu leisten.

Der Anspruch auf Rückzahlung dieser Caution kann erst nach der wahrscheinlichen Inbetriebsetzung der gelieferten Achsen, das ist nach Ablauf eines Jahres von der provisorischen Uebernahme an gerechnet, erhoben werden.

§ 10. Einhaltung der Liefertermine und Pönale.

Die Ablieferung der Achsen an den in der Bestellung bezeichneten Ort hat zu den bestimmten Terminen und in den festgesetzten Mengen zu erfolgen. Für jede Woche Verspätung wird eine Pönale von 1 Procent des Werthes der zu spät gelieferten Achsen eingehoben.

Die durch die Vornahme von Zerreissproben bedingte Verzögerung der Lieferung wird jedoch gegebenen Falles dem Lieferanten nicht angerechnet.

§ 11. Ersatzleistung für zurückgewiesene Achsen.

Der Lieferant verpflichtet sich, den Ersatz für jene Achsen, welche entweder bei der provisorischen Uebernahme zurückgewiesen wurden, oder welche demselben als schadhaft innerhalb der Haftzeit zum unentgeltlichen Ersatze übergeben werden, binnen längstens 8 Wochen zu leisten.

§ 12. Verbot, abzutreten.

Es ist dem Lieferanten ausdrücklich verboten, irgend einen Theil der auf Grund der gegenwärtigen Bedingnisse übernommenen Lieferung einem anderen Fabrikanten abzutreten oder in einer anderen Fabrik als der seinigen anfertigen zu lassen, falls er hiezu nicht eine ausdrückliche, förmliche und schriftliche Vollmacht der Verwaltung erhielt.

Ueber die Caliber-Constructionen für verschiedene Walzen-Einrichtungen.

Caliber für drei Walzen.

Dieses System erfordert in seiner Anwendung auf Eisenbahnschienen und andere Façon-Eisen eine andere Vertheilung der Caliber als bei zwei Walzen. Man ist nämlich bestrebt, um an der Länge der Walzen zu sparen, zwei gleichartige, nicht aufeinander folgende Caliber übereinander zu legen. Dies kann in der Vorwalze anstandslos bewerkstelligt werden, hat jedoch in der Fertigwalze seine grossen Schwierigkeiten, indem die Freiheit der Breitung verloren geht. Die Hälften zweier solcher Caliber werden auf die Ober- und Unterwalze verlegt, während man in die Mittelwalze ein Caliber einschneidet, dessen Querschnitt das Mittel dieser beiden Hälften ist. Richtig wirksam ist eine solche Anordnung nicht; darum zieht man es jetzt allgemein vor, die Caliber nebeneinander und abwechselnd bezüglich der Ober- und Unterwalze zu legen.

Bei diesem Walzensystem wird das erste Caliber der Vorwalze bedeutend grösser genommen als bei der Zweiwalzen-Construction, man kann daher Packete darin verschweissen, ohne dass selbe vorgeschmiedet werden. Die drei Caliber, die noch in die Fertigwalze kommen, können dann auch in zwei Walzen vertheilt werden. Für solche Packete, welche ohne vorzuschmieden gleich in das Caliber der Vorwalze gebracht werden, muss berücksichtigt werden, dass das Packet so zusammengelegt wird, dass die Luppenstäbe im ersten Caliber senkrecht stehen.

System für Vor- und Rückwärtswalzen.

Dieses System wird durch drei Walzen am einfachsten zu Stande gebracht und eignet sich am besten für alle Profile des Façon-Eisens, nur wird es nicht ökonomisch für zu schwere

Stücke. Die Vortheile bei diesem System kommen am deutlichsten zum Vorschein, wenn die Caliber derart construirt sind, dass dieselben auf der Mittelwalze nach beiden Richtungen sowohl nach oben als nach unten benützt werden. Bei diesem Walzensystem müssen die Ständerlager derart eingerichtet sein, dass die Mittelwalze vollkommen fest gehalten und die Ober- und Unterwalze ganz für sich und unabhängig von der Mittelwalze angestellt werden können. Die Vorzüge dieses Systems bestehen in Folgendem:

Die Walzzeit ist nur die Hälfte wie bei gewöhnlichen Systemen, dadurch wird die Hitze des Walzgutes gut ausgenützt und ein abermaliges Erwärmen ist bei diesem System ganz entbehrlich. An Arbeitskraft wird bei diesem System sehr erspart, man kann mit einer Walzenstrasse nahezu die doppelte Leistung erzielen als bei einer gewöhnlichen. Die Arbeit des Walzens wird dadurch erleichtert, indem das austretende Ende in demselben Zeitpunkte, als es die Walze verlässt, vollkommen zusammengedrückt ist und von der Walze gut gefasst wird, ferner wird eine kleine Unregelmässigkeit in der Streckung der Caliber nicht so empfindlich zur Wirkung kommen, als dieses bei den gewöhnlichen Walzen der Fall ist, da bei dem Vor- und Rückwärtswalzen ein Ausgleichen in der entstandenen Spannung stattfindet.

Schienen aus Gussstahl

deren Fabrikation mit Hinweis auf die ökonomische Ausnützung des Materials und Zweckmässigkeit ihrer Verwendung.

Die Verwendung des Gussstahls (Bessemer-, Siemens- Martin Stahl) zur Fabrikation der Fahrschienen steht heute auf dem Punkte eines unbestrittenen Erfolges. Die geringe Preisdifferenz zwischen Stahl- und Eisenschienen, die sowohl garantirte als auch constatirte grössere Dauer der ersteren, ferner der erzielte Standpunkt in der Massenproduction des Stahls und im Walzverfahren, wodurch die den Bestand der Stahlschiene gravirendsten Gebrechen beseitigt wurden, haben denselben das Verwendungsrecht für Eisenbahnen sowohl aus ökonomischen als technischen Gründen zuerkannt.

Diese sehr wichtigen Thatsachen werden es rechtfertigen, dass die nachfolgenden Betrachtungen, welche das Stadium der gegenwärtig herrschenden Schienenfabrikation mit besonderer Berücksichtigung jener von 9·0 m Länge und das allgemeine Verhalten der Schienen im Bahngeleise zum Gegenstande haben, die packetirten Eisenschienen ganz ausser Acht lassen und nur die auf die Fabrikation und Verwendung der Gussstahl-Schiene Bezug habenden Interessen berühren.

Soll die Fabrikation der Stahlschienen den Forderungen entsprechen, welche vom Standpunkte eines rationell ökonomischen Gebahrens und einer technisch tadellosen Betriebsführung an sie gestellt werden, so müssen alle bisher erzielten Vortheile und gewonnenen Erfahrungsresultate, welche zur Sicherung eines vollkommenen Fabrikates beitragen, ihrem ganzen Umfange nach vollkommen gewahrt werden. Dass der Werth des Productes für Jedermann klargestellt wird, dass die Eigenschaften, die das Material besitzen muss, um sich für bestimmte Constructionen zu eignen, hier daher für Schienen, hat der Verein deutscher Eisenbahnen sich erklärt, folgende specielle Bedingung für die Lieferung von Eisenbahnschienen aus Flussstahl aufzustellen: die geringste zulässige absolute Festigkeit soll 50 Kg per mm², die geringste zulässige Contraction soll 20 Procent des ursprünglichen Querschnittes betragen. Für die Bestimmung der Qualität sind beide Eigenschaften nöthig und zwar sind die beiden gefundenen Zahlen (absolute Festigkeit und Contraction) zu addiren und müssen mindestens die Zahl 85 ergeben. Die Versuchsstäbe sind nach Fig. 73 und 74 anzufertigen und aus Kopf, Fuss und Steg der Schiene im kalten Zustande herauszuarbeiten und mittelst einer Zerreissmaschine diesen Proben zu unterziehen.

Im Nachfolgenden sollen die wichtigsten Momente der Schienenfabrikation, insoweit dieselben das spätere Verhalten der Schienen im Bahngeleise tangiren, Erwähnung finden, um hierauf gestützt den Nachweis zu führen, wie sehr bei diesem, die Betriebskosten in so hohem Masse afficirenden Verbrauchsmateriale die ökonomischen Interessen von seiner technisch richtigen Schaffung und Gestaltung (Querschnitt und Länge der Schiene) abhängig sind.

Bei der Schienenfabrikation und bei den diesfällig von Seite der Bahnverwaltungen aufzustellenden Submissionsbedingnissen kommen in Betracht:

a) das Material, inwieweit dasselbe zum Verwalzen beigestellt wird,

b) der Walzprocess,

c) die Ajustirung,

d) die Masshaltigkeit der Schiene.

Zu a) Nur die zur Stahlfabrikation sich eignenden Marken des Roheisens*) (hochgekohltes graues Roheisen) von grobkörnigem Gefüge. Schwach kohlenstoffhältige Marken werden durch einen Zusatz von Spiegeleisen**) — stark kohlenstoffhältiges Roheisen und manganreich präparirt, das in den Convertisseur (Birne) nach erfolgter Raffinirung der Roheisenbeschickung in einem procentigen Verhältniss des Gewichtes desselben zugeleitet wird. Den weiteren Convertisseurbetrieb übergehend, wird bemerkt, dass bei Unterbrechung des Gebläsestromes im Momente des »Eisenblickes« — kurze intensiv weiss leuchtende Flamme — die erste Untersuchung der Charge in Betreff ihres Kohlenstoffgehaltes, beziehungsweise ihres Härtegrades durch das Eintauchen eines Eisenstabes in das Bad vorgenommen wird. Der so eingetauchte Eisenstab — von etwa 15 mm Durchmesser — wird langsam ausgehoben und erkalten gelassen.

Die äussere Färbung der ihn umgebenden Schlackenkruste ist bestimmend, ob die Operation beendet — unter Umständen die nöthige Zeit auch bereits überdauert — oder mit dem Ein lassen des Gebläsestromes fortgesetzt werden soll.

In Anbetracht der Beurtheilung des Härtegrades wird be merkt, dass die Färbung um so dunkler erscheint — kastaniendunkelbraun — je weicher die Stahlmasse ist.

Bei den nun zu Barren gegossenen Formen, Ingots, müssen die Querschnitts- und Längendimensionen, beziehungsweise das

---

*) Petzhold gibt für eine Zusammensetzung von grauem Bessemereisen — Süd-Wales —: $Fe = 94.00$, $C = 3.80$, $Si = 2.25$, $S = 0.03$, $P = 0.05$, $Mn = 0.40$.

**) Spiegeleisen — Dowlais-Hütte — enthält: $Fe = 76.44$, $C = 4.55$, $Si = 0.65$ bis 0.15, $S = $ Spur, $P = 0.10$, $Mn = 18.25$, $Cu = 0.06$.

Gewicht derselben im geeigneten Verhältnisse zu den Quer
schnitten der Vorstreckwalzen   was noch weiter näher berührt werden soll — und zu der Länge und dem Gewichte
der aus denselben zu erwalzenden Schiene stehen.

Was das Gewicht der Ingots anbelangt, so muss dasselbe
so gross sein, dass von der erwalzten Schiene jederseits eine
bestimmte Länge abgeschnitten werden kann, um die Normallänge zu gewinnen.

Bezeichnet g das Gewicht pro Meter Schienenlänge in Kilogramm, G das Gewicht der Ingots, so wird bei:

$6\cdot0$ m langen Schienen $G = 6\cdot0 \times g + 0\cdot4\,g$ wonach Abfall jederseits $= 0\cdot2$ m

$7\cdot0$ » » » $G = 7\cdot0 \times g + 0\cdot6\,g$ » » » $= 0\cdot3$ »

$8\cdot0$ » » » $G = 8\cdot0 \times g + 0\cdot8\,g$ » » » $= 0\cdot4$ »

$9\cdot0$ » » » $G = 9\cdot0 \times g + 1\cdot0\,g$ » » » $= 0\cdot5$ »

Die Längen dieser Abfälle stehen sonach im geraden Verhältnisse zu der Grösse der Dimensionen der Ingots, beziehungsweise zur Masse derselben und sind bedingt durch die blasige
Structur und die Verunreinigung der äusseren Querschnittsflächen, die um so grösser, sonach um so tiefer greifen, als
dieselben an Umfang zunehmen*).

Es ist selbstverständlich, dass die Abfälle (Zöpfe) von
ungleicher Länge sind, wenn an dem einen Ende tiefer ein-
greifende Walzfehler sich ergeben als an dem anderen.

Es wird daher geboten erscheinen, wenn in den Submissionen die ebenangegebenen Abfall-Längen als minimale
Zahlen eingestellt werden, um in allen Fällen auf die vollkommene Homogenität des Materials rechnen zu können**).

Bezüglich der obbemerkten blasigen Structur des Stahl
blockes, mit welcher die oberen Partien des Querschnittes behaftet sind, muss bemerkt werden, dass dieselben belanglos sind,
so lange die äussere Oberfläche der Blasenhöhlung metallisch

---

*) Die Nichtbeachtung dieser Massregel mag zu der bei älteren Fabri-
katen von Stahlschienen vorgekommenen Erscheinung beigetragen haben, dass
Brüche zumeist 0·4 bis 0·6 m vom Ende derselben erfolgten.

**) Das Werk Reschitza im Banat erzeugt Doppel-Ingots für 9·0 m
lange Schienen, wobei $g = 33$ Kg pro Meter ist, mit 720 bis 750 Kg für
7·0 m lange Schiene, Doppel-Ingots von 560 bis 580 Kg, bei den ersten
ist daher der Abfall 1·9 bis 2·3 m, bei den letzteren 1·5 bis 1·8 m.

rein ist und nur dann zur Besorgniss Anlass geben kann, wenn die Oberfläche oxydirt oder aderartig mit Schwefel oder Phosphor belegt erscheint. Werden einige Ingots, welche zur Schienenfabrikation beigestellt sind, unter dem Dampfhammer gebrochen und mit einer Lupe genau untersucht, so wird man diesfällig sich genügend orientiren können.

Anlässlich der Querschnittsdimensionen müssen dieselben derartig gewählt werden, dass deren Verhältniss zu den Vorstreckcalibern für eine hinlängliche Pressung Gewähr bietet.

Unter allen Umständen sollen auch diesfällig die Submissionsbedingnisse eine Norm vorschreiben und dürfte eine minimale Querschnittsfläche des Quadrates von 0·040 m² als obere und 0·050 m² als untere die zweckentsprechendste sein.

Auch hier empfiehlt es sich, die Querschnittsflächen mit der Länge der zu erwalzenden Schienen in ein passendes Verhältniss zu bringen und werden sonach für 9·0 m lange Schienen als obere Quadratfläche 0·06 m² und als untere 0·07 m² anzuordnen sein.

Von Wesentlichkeit ist es ferner, die zur Fabrikation der Schienen bestimmten Ingots in Betreff ihrer Härte zu untersuchen.

Die früher bezeichnete Untersuchung durch Eintauchen eines Eisenstabes nach erfolgter Einstellung des Gebläsestromes reicht bei weitem nicht aus, um über die Kohlung einer Charge und der hieraus resultirenden Härtebeschaffenheit ein apodiktisches Urtheil abgeben zu können.

Die hierüber anzustellenden Untersuchungen sind chemischer und mechanischer Natur.

Die chemischen Untersuchungen, worunter die Eggerz'sche in vielen Hüttenwerken Eingang gefunden hat, sind sehr subtiler Art und können, wenn dieselben nicht mit Umsicht und Sachkenntniss gepflogen werden, leicht zu Trugschlüssen führen.

Es möge als Anleitung hierfür bemerkt werden, dass nicht immer die Grösse des Kohlengehaltes als unträgliches Mittel zur Beurtheilung des Härtegrades massgebend ist, sondern auch andere Stoffe: als, Silicium, Mangan, Phosphor etc. werden je nach ihrem Vorhandensein auf die Härte modificirend wirken. So wird, wenn nach beendigter Charge noch Bestandtheile von

Silicium vorhanden sind, ein kleinerer Procentsatz an Kohlenstoff zur Härtung genügen, als im Falle, wenn die Erblasung ein ganz chemisch reines Eisen liefert. Es würden sonach trotz des factisch verschiedenen Gehaltes an Kohlenstoff bei zwei Stahlsorten dieselben dennoch in eine und dieselbe Härtescala zu rangiren sein.

Schon aus diesen eben angeführten Gründen können die chemischen Untersuchungen von keinem durchgreifenden Erfolge begleitet sein und werden in den meisten Hüttenwerken nur die mechanischen Untersuchungen in Uebung erhalten.

Die mechanischen Untersuchungen des Stahls bestehen ihrem Wesen nach in Schmiede-, Streck- und Brechproben.

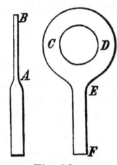

Fig. 56.

Von jeder Charge wird ein Stück behufs Erprobung abgegossen und zum Verschmieden, Strecken und Brechen einem in diesem Fache routinirten Arbeiter übergeben. Die Plasticität, die bei einer gewissen Glühhitze das Probestück unter dem Schmiedehammer zeigt, die Dehnung und Biegung nach den mannigfachsten Richtungen, ohne zum Reissen zu tendiren, endlich der Widerstand, den das geschmiedete stabförmige Stück dem Bruch entgegensetzt, und die körnige Beschaffenheit der Bruchfläche sind massgebend für die Bestimmung des Härtegrades der betreffenden Charge.

Es erleichtert die Beurtheilung, wenn das zu schmiedende Probestück eine gleichförmige Behandlung erfährt, wie dieses in der Bessemerhütte zu Heft der Fall ist, wo die Schmiedestücke nach beistehender Figur 56 behandelt werden. Die bis zu einige Millimeter dicke plattgeschmiedete Fläche AB bekundet die Härte und Schmiedbarkeit des Stahls, jenachdem der äussere Rand der Kreisfläche mehr oder weniger reinkantig begrenzt ist. In Bezug der Dehnbarkeit gibt die Grösse des Durchmessers CD Aufschluss, welcher umsomehr durch den Dorn sich erweitern lässt, als das Material Dehnbarkeit besitzt, ohne den Rand rissig zu machen. Endlich zeigt das vierseitige Prisma EF, dessen quadratischer Querschnitt 15 mm Seitenlänge besitzt, durch Schlagproben die Bruchfestigkeit und die entstandene Bruchfläche die innere Textur des Materials, die schon an und für sich dem geübten Auge die diesbzügliche Entscheidung verräth.

Noch andere auf die Untersuchung der Qualität des Stahls hinzielende Bestimmungen sind in den verschiedenen Submissionsbedingungen aufgenommen.

Eine österreichische Bahnverwaltung schreibt diesfällig vor: »Der zu verwendende Stahl muss alle Eigenschaften guter Stahlsorten haben. Er muss also namentlich vollkommen hart werden, wenn er im rothglühenden Zustande im Wasser abgekühlt wird, und muss beim Anlassen jene Farbe zeigen, welche den verschiedenen Härtegraden entspricht. Die ganze Querschnittsfläche der Schiene muss aus homogenem, dichtem, feinkörnigem, hartem Stahl bestehen; alle Theile müssen ein gleichartiges Gefüge von zackigem Bruche und matter, nicht sehr lichter Farbe haben und frei von jeder faserigen Textur sein.

Der Bessemerstahl muss 0·35 bis 0·5 Procent Kohlenstoff enthalten und darf ein Probestück des zur Schienenfabrikation zur Verwendung gelangenden Stahls erst hei einer auf Zug wirkenden Belastung von 55 bis 60 Kg pro 1 mm' reissen.«

Es erhellt aus dem bisher Gesagten, welch' mannigfache Abstufungen die Bestimmungen der Stahlqualitäten und welchen Variationen dieselben in Bezug ihres Kohlenstoffgehaltes unterliegen.

Die hier nachfolgenden Tabellen werden dieses zur besten Veranschaulichung bringen.

Roheisen von Resicza.

	A	B
Kohlenstoff chem. geb.	0·680	
Graphit	2·940	
Silicium	1·040	1·809
Phosphor	0·095	0·077
Schwefel	0·011	Spur stark
Mangan	0·790	1·860
Kobald und Nickel . . .	—	Spur
Kupfer	0·050	Spur
Eisenoxyd-Schlacke . . .	—	
Reines Eisen	92·394	

C. Roheisen von Kalan.

Kohlenstoff amorph.	0·6797 }	2·6997
Graphit	2·0200 }	
Silicium		4·7417
Schwefel		0·0014
Phosphor		0·0293
Mangan		4.0358
Kupfer		0·0240
Eisen		88·4681

D. Roheisen von Govasdia.

Eisen . . .	92·495
Mangan .	2·062
Kobalt .	0·001
Kupfer	0·076
Phosphor	0·047
Schwefel	0·011
Silicium	1·793
Graphit	3·221
Kohlenstoff	0·294

Zu *b)* Der günstige Erfolg bei der Fabrikation der Stahl-schienen hängt von der Vollkommenheit in der Durchführung des Walzprocesses ab. Der Umstand, dass das durch die Walzen zu formende Material viel härterer und zäherer Natur ist, als dieses bei den packetirten Eisenschienen der Fall ist, macht es erforderlich, über ein schnell und kräftig wirkendes Walz-system zu verfügen. Auch in Betreff der Calibrirungsverhält-nisse wird die Härte des Materials in Berücksichtigung zu ziehen sein und wird der lineare Werth der Querschnittsänderung von einer Passage zur anderen um so geringer sein, je härter das zu verwalzende Gut ist.

Die Anzahl der Passagen für die Finisseurwalzen wird überdies von dem Umstande abhängen, mit welcher Länge und mit welchem Querschnitte das Walzgut aus den Vorstreck-walzen in die ersteren übertritt.

Es ist selbstverständlich, dass diese Dimensionen mit jenen, welche die Rohblöcke besitzen, im Einklange stehen müssen. So wird für 7·0 m lange Schienen das vorgestreckte Ingot

158 mm Seitenlänge und 1422 mm Strecklänge, für 9·0 m lange Schienen 200 mm Seitenlänge und 1150 mm Strecklänge besitzen.

Je nach der Beschaffenheit des Walzwerkes müssen die vorgestreckten Ingots einer nochmaligen Durchhitzung in den Flammöfen ausgesetzt werden oder das Erwalzen erfolgt mit einer Hitze und tritt das vorgestreckte Stück unmittelbar durch die Vollendungswalzen. Der zweite Vorgang ist der vortheilhaftere und zwar sowohl in Bezug der Qualität des Fabrikates als der Productionskosten; durch das zweifache Erhitzen wird der Kohlenstoffgehalt des Materials nicht unbedeutend alterirt und absorbirt viel Zeit und Brennmaterial (die Chargen nehmen 2¹/₂ Stunden in Anspruch und erfordern circa 450 Kg Steinkohle pro Tonne raffinirtes Material). Das Erwalzen der Schienen mit einer Hitze, besonders wenn dieselben mehr als 7·0 m Länge haben sollen, erfordert jedoch ein Trio-Walzwerk, das sind drei übereinandergelagerte Walzen, so dass das Walzstück von beiden Seiten die Caliber passiren kann, ohne Verlust an Zeit und Hitze oder ein Doppelwalzwerk, welches zum Vor- und Rückwärtsgang disponirt ist. Hierbei müssen die Walzen von einer kräftigen Maschine bewegt und entsprechend schnell rotiren (1200pferdige Balanciermaschine, die Streckwalzen machen 35, die Vollendungswalzen 60 Umdrehungen pro Minute). Die Tafel VII, Fig. 57 und 58 zeigt die Calibrirungen der Vorstreck- und Vollendungswalzen.

Auf ein rasches Durchgehen des Walzstückes durch die Passagen muss bei der Fabrikation der Vignolschienen, wo die ungleichen Materialmassen, vorzugsweise der sehr massige Kopf gegenüber dem sehr gestreckten Fuss eine ungleiche Abkühlung hervorrufen, ein besonderes Augenmerk gerichtet werden. Ein schwaches Kerben der Vollendungswalzen wirkt diesbezüglich sehr vortheilhaft, indem hierdurch die Reibung zwischen Walze und der durchlaufenden Masse sehr erhöht wird. Auch wird hierdurch ein zu starkes Erhitzen, was das Brechen der Walzen herbeiführt, vermieden. Nachtheilig auf die Schönheit der äusseren Profilflächen wirkt ein zu heftiges Berieseln der Walzen mit kaltem Wasser, wodurch auch ein zu schnelles Abkühlen der äusseren Fusspartien eintreten kann und die

Schiene am Fusse rissig oder theilweise ungleich aus der Walze tritt.

Zu *c)* Die Ajustirung beginnt mit dem Geraderichten der Schiene, sobald sie den Walzprocess überstanden hat. Zu diesem Behufe wird die noch heisse Schiene auf eine horizontal liegende Eisenplatte gelegt (Kopf nach oben) und mit hölzernen Hämmern nach ihrer ganzen Länge niedergedrückt.

In dieser Lage kann die Grösse des Abfalles auf jeder Seite beurtheilt werden, um die richtige Verschiebung zur Circularsäge vornehmen zu können. Es ist dieses von Belang, wenn nicht durch mechanisches Vorgehen der betreffenden Arbeiter gute Partien zum Abfall kommen sollen und die auf die normale Länge zugeschnittene Schiene mit Fehlern an dem einen oder dem anderen Ende behaftet ist. Nicht nur dass die nun vorzuehmenden Verkürzungen im kalten Zustande kostspielig sind, wird auch noch der Werth der Schiene bedeutend herabgeschwächt, da ihre Verwendbarkeit nur innerhalb gewisser Grenzen zulässig ist.

Die durch die Circularsäge an den Schnittflächen gebildeten rauhen Ränder (»Bärte«) werden noch im heissen Zustande, von der Säge weg, abgefeilt, wodurch die später vorzunehmenden Fraisarbeiten bedeutend reducirt werden.

Da das Abschneiden der Zöpfe durch die Circularsäge noch im rothglühenden Zustande erfolgt, so muss, wenn nach erfolgter Contraction die normale (vorschriftsmässige) Länge vorhanden sein soll, die dem Hitzegrad entsprechende Zusammenziehung in Berücksichtigung gezogen werden. Die jeweilige Stellung der Marken oder der beiden Scheiben der Circularsägen muss sonach der Grösse des Contractionscoëfficienten entsprechen.

Um diese Stellung für jede Länge und den jeweiligen Wärmezustand der betreffenden Schiene zu ermöglichen, sind sowohl an der Circularsäge als an den Marken Verstellvorrichtungen anzubringen.

Es wird in der Regel die Schnittlänge mit dem der zumeist vorherrschenden Rothwärme entsprechenden Contractionswerth bestimmt.

Im Allgemeinen kann bei einmaligem Vorhitzen der Contractionswerth mit $\frac{L}{70}$ bis $\frac{L}{65}$ und bei zweimaligem Erhitzen mit $\frac{L}{65}$ bis $\frac{L}{60}$ angenommen werden. Sonach wird die Schnittlänge $L + \frac{L}{70}$ oder $L + \frac{L}{65}$ betragen, wobei L die bestimmte Ajustirlänge bezeichnet.

Der weitere Verlauf in der Fabrikation ist das gänzliche Erkaltenlassen der Schiene, welchem Zustande bei den Stahlschienen mehr Beachtung zugewiesen werden muss, als dies bei Eisenschienen der Fall ist.

Die ungleiche Erkaltung, beziehungsweise Zusammenziehung, die der massige Kopf gegenüber dem flach vertheilten Material im Stege und Fuss hervorruft, bewirkt ein Verkrümmen und spiralförmiges Verdrehen nach der Längenachse der dem Erkaltungsprocesse ausgesetzten Schiene. Ein zu vehementes Geraderichten bei bedeutender Grösse des Krümmungspfeiles kann dem Aggregationszustande des Stahls von Nachtheil sein. Insbesondere kann diesbezüglich eine zu starke Verdrehung nach der Längenachse verderbenbringend sein. Die dem Erkaltungsprocesse ausgesetzten Schienen müssen sonach auf einer convexe Fläche aufliegen, deren Krümmungspfeil dem bei der Contraction erfahrungsgemäss constatirten gleichkommt. Mit Vortheil lässt sich hierfür eine Art Tennenestrich (Lehm, Eisenfeilspäne, Blut) verwenden, welches nach der nöthigen Krümmung festgestampft und im Nothfalle leicht erneuert werden kann. Man wird jedoch zu berücksichtigen haben, dass die noch rothwarmen Schienen so viel als möglich längs des convexen Lagers niedergedrückt werden, somit ihrer ganzen Länge nach aufzuliegen kommen, wenn die Reaction gegen das Aufbiegen vollkommen wirksam sich zeigen soll.

Derart zum Erkalten gebrachte Schienen werden Verbiegungen von nur wenige Millimeter betragenden Pfeilhöhen zeigen, die unter den Richtmaschinen leicht corrigirt werden können. Ebenso werden nur geringe Verdrehungen, indem die Schiene an dem einen Ende eingespannt, an dem anderen mittelst eines Hebels in retrograder Richtung gedreht wird, vollkommen gerade ajustirt; endlich wird die Estrich-Unterlage zu einem langsamen Erkalten beitragen, auf welchen Umstand sorgfältig Rücksicht zu nehmen ist.

Versuche, vom Verfasser angestellt, haben es gezeigt, dass grössere Verbiegungen (Kopf concav, Fuss convex) selbst bis 200 mm Pfeilhöhe nach vorgenommener Streckung der Schiene die Textur derselben, somit ihre Widerstandsfähigkeit nur selten alteriren, wenn die Streckung (Geraderichtung) nicht auf einmal mit Vehemenz, sondern successiv vorgenommen worden ist; hingegen sind stärkere Verdrehungen nach der Achse von viel intensiverem Einflusse auf die Festigkeit der Schiene*).

Die Fraisarbeiten sind weniger beachtenswerther Natur da dieselben in qualitativer Beziehung keine Rolle spielen. Sie umfassen theils das Reinigen der Schnittflächen von dem rauhen rissigen Grat, theils das Zurichten der Schienenlängen auf das normal festgesetzte Mass. Auch das Abfasen des Schienenkopfes rangirt zu dieser Ajustirungsarbeit. Hingewiesen möge noch darauf werden, dass Schienen, die mit knapper Länge zugeschnitten wurden und wenige Angriffe der Fraise mehr vertragen, von vielen Arbeitern gern durch Hämmern geglättet werden, was bei Stahlschienen als durchaus unzulässig erklärt werden muss. Solche Schienen müssen immer mit der Flachfeile behandelt werden.

Die letzte der Ajustirarbeiten umfasst das Lochen und Klinken der Schienen.

Sonderbar! dass diese allerletzte Ausstattungsarbeit, die lange Zeit durch die Stanzmaschine vorgenommen wurde, nach der grossen Reihe der subtilsten Behandlungen, die der zu vollendenden Schiene zu Theil wurden, plötzlich den Todesstoss versetzte.

---

*) Wohl hat es der Verfasser versucht, im Werke Buchscheiden in Kärnten Schienen noch im rothwarmen Zustande fast um 90 Grad gegen die Längenachse zu verdrehen und sodann wieder im kalten Zustande zurückzudrehen, ohne dieselben, wie es vorgenommene Proben erwiesen, schädlich zu beeinflussen. Doch kann man sich einen solchen Spass nur mit steirischem oder kärntnerischem Stahl erlauben, welcher derartige Proceduren verträgt.

Es war eine Aufgabe von grosser Tragweite, mit der der Verfasser seitens einer Bahnverwaltung betraut wurde; ein bedeutendes Quatum Schienen, welches mit der Stanze und nicht laut Submissionsbedingung mit Bohrer gelocht wurde, von der Uebernahme auszuscheiden, beziehungsweise den schädlichen Einfluss, den das Lochen durch die Stanze auf den Bestand der Stahlschiene übt, authentisch nachzuweisen.

Es wurden zu diesem Behufe die sonst tadellosesten Schienen verwendet und Parallelversuche mit gebohrten und gestanzten Löchern angestellt. Die Proben wurden mit einem 300 Kg schweren Fallblock, der von 5·0 m Höhe frei herabfallen konnte, bei durchschnittlich + 18 Grad Réaumur ausgeführt.

1. Das Stanzen erfolgte mit einem cylindrischen Stempel von 25 mm Durchmesser nach beistehender Form (Fig. 59) und das Lochen mit Bohrer von gleicher Stärke. Die Auflager für die Schienen unter der Fall- Fig. 59. vorrichtung waren fest fundirte Eisenblöcke, ebenso die zum Einspannen der Schienen-Enden hergestellten Zwinger *).

Versuche

angestellt in dem Hüttenwerke Buchscheiden in Kärnten behufs Erprobung der Festigkeit der Stahlschienen mit gestanzten Bolzenlöchern.

Versuchs-Zahl	Art des Versuches	Anzahl der Schläge		Resultat	
		gestanzte Schienen	bohrte Schienen	bei den	
				gestanzten	gebohrten
				Schienen	
1	Ein Loch in der Mitte der Schiene, die Schiene ruht auf zwei 1·1 m weiten Stützen.	6	6	Die Schiene ist stark verbogen, nirgends Bruchspur, das Loch elliptisch verzogen, 28 mm Achse nach der Länge, 22 mm nach der Höhe, kleine Haarrisse nach der Länge, nur unter der Lupe sichtbar.	Die Schiene ist stark verbogen, nirgends Bruchspur. Das Loch halbmondförmig und elliptisch verzogen, in der Länge 27 mm, in der Höhe 18 mm, der äussere Rand vollkommen rein.

*) Ich benütze diesen Ort, um dem General-Director der Hüttenberger Eisenwerk-Gesellschaft, Herrn C. von Frei, meinen Dank auszusprechen für das freundliche Entgegenkommen bei den sehr umfangreichen und kostspieligen Versuchen, und verdient lobenswerth hervorgehoben zu werden die rege Theilnahme, die Herr von Frei an diesen Versuchen durch seine persönliche Anwesenheit auf der Versuchsstätte genommen.

Versuchs-Zahl	Art des Versuches	Anzahl der Schläge		Resultat	
		gestanzte Schienen	gebohrte Schienen	bei den gestanzten	gebohrten Schienen
2	Ein Loch 0·1 m vom Ende der Schiene. Die Schiene ist eingezwängt und ragt auf 0·6 m heraus. Der Fallblock fällt so ziemlich über die gelochte Stelle.	6	6	Die Schiene ist 80 mm mit dem Ende nach abwärts gebogen, von dem Loch geht ein feiner Riss gegen das Ende, das Loch ist verzogen circa 27 mm nach der Länge und 20 mm nach der Breite.	Die Schiene ist bei 86 mm nach abwärts gebogen, vom Loch geht ein schwacher Haarriss gegen die Mitte der Schiene, das Loch ist verzogen, 27 mm nach der Länge, 19 mm nach der Höhe.
3	Zwei Löcher gegen die Mitte der Schiene, 0·5 m von einander entfernt. Die Schiene ruht auf zwei Stützen, die 1·1 m von einander abstehen, die beiden Löcher sind gegen die Mitte gerückt.	8	8	Die Einbiegung beträgt zwischen den Stützen gemessen 89 mm, von einem Loche geht gegen das zweite ein feiner Haarriss, beide Löcher sind elliptisch verschoben. Bruch erfolgte bei 12 Schlägen	Die Einbiegung beträgt zwischen den Stützen gemessen 84 mm, nirgends Risse bemerkbar, beide Löcher verzogen, bei 10 Schlägen erster Riss sichtbar, am Fuss bei 12 Schlägen noch nicht gebrochen, Versuch eingestellt.
4 bis 6	Zwei Löcher gegen die Mitte der Schiene 0·3 m von einander entfernt, die Schienen sind disponirt wie in Versuch Nr. 3.	8	8	Die Einbiegung beträgt etwa 60 bis 75 mm zwischen den Stützen gemessen, bei zwei Schienen erfolgte der Bruch schon bei dem 6. Schlag, bei einer Schiene nach dem 8., der Bruch ging bei zwei Schienen durch ein Loch, bei einer zwischen den Löchern.	Die Einbiegung beträgt 60 bis 80 mm, die Löcher sind elliptisch verzogen, nur bei einer Schiene ist ein schwacher Riss bemerkbar, derselbe geht von einem Loche gegen den Kopf.
7 bis 10	Zwei Löcher gegen die Mitte der Schiene 0·1 m von einander aus der Mitte entfernt. Auflager der Schienen wie in Versuch 4 bis 6.	8	8	Die Einbiegung beträgt zwischen 60 bis 70 mm, schon bei dem 4. Schlag zeigt sich ein feiner Riss von einem Mittelpunkt des Loches zum andern sich hinziehend. Eine Schiene bricht beim 4., eine beim 6. und eine beim 8. Schlag. Zwei Brüche sind zwischen, ein Bruch 0·2 m abseits vom Loch.	Die Einbiegung beträgt 60 bis 80 mm, die Löcher sind verschoben, bei zwei Schienen ist keine Spur von Bruch vorhanden. Eine Schiene bricht nahe am Auflager beim 8. Schlag. Der Bruch ist rein metallisch.
11 bis 12	Zwei Löcher am Ende der Schiene 0·1 m vom Ende abstehend und 0·5 m von Mitte zu Mitte entfernt. Die Schienen sind fest eingespannt und ragen 0·8 m hervor. Der Fallblock wirkt zwischen die Mitte der Löcher.	6	6	Die Enden sind bei den Schienen 40 bis 60 mm eingebogen, eine Schiene bricht beim 3. Schlag, der Bruch geht zwischen die Löcher, und eine Schiene bricht beim 6. Schlag, der Bruch geht ebenfalls durch die Mitte der Löcher.	Die Enden sind 60 bis 70 mm eingebogen, bei einer Schiene zeigt sich nach dem 5. Schlag ein schwacher Riss im Fusse, die andere bleibt ganz unversehrt.
13 bis 16	Zwei Löcher am Ende 0·1 m vom Ende abstehend und 0·2 m von Mitte zu Mitte. Die Schienen sind wie früher disponirt.	6	6	Die Enden sind 40 bis 50 mm abgebogen. Zwei Schienen brechen beim 4. Schlag. Der Bruch geht je durch ein Loch, eine Schiene bricht beim 6. Schlag. Eine Schiene zeigt keine Spur eines Bruches.	Die Enden sind 60 bis 70 mm abgebogen. Die Löcher bei sämmtlichen vier Schienen sind verzogen, nirgends eine Spur von Bruch sichtbar.

Versuchs-Zahl	Art des Versuches	Anzahl der Schläge		Resultat	
		gestanzte Schienen	gebohrte Schienen	bei den gestanzten	gebohrten Schienen
17 bis 20	Zwei Löcher am Ende 0·1 m vom Ende abstehend und 0·1 m von Mitte zu Mitte entfernt, sonst wie bei den Versuchen 13 bis 16 disponirt.	6	6	Die Enden sind 30 bis 40 mm abgebogen, bei drei Schienen erfolgt der Bruch theils zwischen, theils durch d. Löcher schon beim 3. Schlag. Eine Schiene bricht beim 5. Schlag hart an der Einklemmung.	Die Enden sind 60 bis 65 mm abgebogen. Löcher verzogen. Eine Schiene bricht beim 6. Schlag, der Bruch geht zwischen den Löchern. Die anderen Schienen zeigen keine Spur von Rissen oder Sprüngen.
21 bis 28	NormaleAnordnung der Bolzenlöcher 45·5 mm vom äusseren Ende, 129 mm von Mitte zu Mitte, auf 0·6 m vorragend.	5	5	Die Enden sind 25 bis 30 mm abgebogen, bei fünf Stück nach dem 3. Schlag Risse durch die Löcher gehend deutlich sichtbar. Der volle Bruch erfolgt beim 4. Schlag, drei Stücke zeigen Risse beim 5. Schlag, die Schläge werden nicht fortgesetzt.	Die Enden sind 30 bis 35 mm abgebogen, die Bolzenlöcher elliptisch verzogen, bei sechs Stück gar keine Spur eines Risses (unter der Lupe gesehen) bemerkbar, beim 5. Schlag erfolgt der Bruch einer Schiene nahe der Einspannung, bei einer ein Riss durch das erste Bolzenloch.

2. Zu den weiteren Versuchen wurden gestanzte Schienen verwendet, die unter gleichen Verhältnissen wie ad 1 zugerichtet, jedoch den Rand der Bolzenlöcher auf 2 mm Breite abgefasst hatten.

Versuchs-Zahl	Art des Versuches	Anzahl der Schläge		Resultat	
		gestanzte Schienen	gebohrte Schienen	bei den gestanzten	gebohrten Schienen
29 bis 30	NormaleAnordnung der Bolzenlöcher wie in den Versuchen 21 bis 28 und 0·6 m vorragend.	5	—	Die Enden sind 25 bis 30 mm abgebogen, der Riss erfolgte bei beiden schon beim 3. Schlag, und zwar ein Riss durch das hintere Bolzenloch und ein Riss zwischen d. Bolzenlöchern.	Kein paralleler Versuch.

3. Zu diesen Versuchen wurden die kreisrunden gestanzten Löcher jederseits um 1 1/2 mm oval nachgefeilt, so dass die kleine Achse 25 mm, die grosse Achse 28 mm betrug.

Versuchs-Zahl	Art des Versuches	Anzahl der Schläge		Resultat	
		gestanzte Schienen	gebohrte Schienen	bei den gestanzten	gebohrten Schienen
31 bis 33	NormaleAnordnung der Bolzenlöcher wie in den früheren Versuchen, 0·6 m vorragend.	5	—	Die Enden sind 25 bis 30 mm abgebogen. Bei zwei Schienen erfolgte der Bruch beim 4. Schlag. Bei einer Schiene war nach dem 5. Schlag ein Riss im Fuss sichtbar nahe an der Einklemmstelle.	Kein paralleler Versuch.

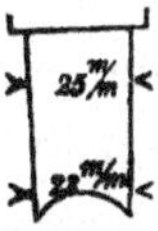
Fig. 60.

4. Zu diesen Versuchen wurde ein Stempel von beistehender Form, Fig. 60, verwendet. Derselbe war konisch geformt und hatte am stärkeren Ende 25 mm, am schwächeren 23 mm Durchmesser und während des Stanzens gut in Oelung gehalten. In allem Uebrigen wurden die Dispositionen so wie bei dem Versuche ad 1 getroffen.

Versuchs-Zahl	Art des Versuches	Anzahl der Schläge: gestanzte Schienen	Anzahl der Schläge: gebohrte Schienen	Resultat bei den gestanzten Schienen	Resultat bei den gebohrten Schienen
34 bis 35	Zwei Löcher in der Mitte der Schiene 0·3 m von einander abstehend. Die Schiene ruht auf zwei Stützen 1·10 m von einander entfernt.	8	—	Die Einbiegung beträgt 60 bis 70 mm zwischen den Stützen gemessen, bei dem 5. Schlag waren bei beiden Schienen die Risse aufgetreten. Beide Risse gingen durch die Bolzenlöcher.	Kein paralleler Versuch.
36 bis 39	Zwei Löcher am Ende der Schiene 0·1 m vom Ende abstehend und 0·2 m von Mitte zu Mitte. Die Schiene ragt 0·8 m vor und ist fest eingeklemmt.	6	—	Die Enden sind 40 bis 50 mm abgebogen. Drei Schienen zeigen beim 5. Schlag schon Risse und brachen beim 6. gänzlich. Eine Schiene zeigt beim 6. Schlag einen schwachen Riss. Sämmtl. Risse gehen durch die Bolzenlöcher.	
40 bis 43	Zwei Löcher am Ende der Schiene sind normal angeordnet. 45·5 mm vom äusseren Ende und 129 mm von Mitte zu Mitte. Die Schiene ragt 0·6 m hervor.	5	—	Die Enden sind 25 bis 30 mm abgebogen, nach dem 4. Schlag sind bei zwei Schienen die Risse sichtbar, beide gehen durch das zweite Bolzenloch. Bei zwei Schienen tritt der Riss beim 5. Schlag auf. Bei einer durch beide Löcher zugleich gehend.	

NB. Bei sämmtlichen Versuchen war die Lage der Schiene mit Kopf nach oben.

Resumirt man das Resultat dieser Versuche, so lässt sich apodiktisch die Behauptung hinstellen, dass der grösste Theil der bisher vorgekommenen Brüche bei den Stahlschienen einzig und allein den gestanzten Löchern zuzuschreiben und dass somit vorwiegend die Stellen zwischen oder neben den Bolzenlöchern diejenigen waren, wo dieses Gebrechen aufgetreten ist. (Siehe nachstehende Ausweise I.) Ferner kann constatirt werden, dass, seitdem das Stanzen als der Ursprung des Uebels anerkannt und die Bohrung an dessen Stelle allgemein Platz gegriffen hat,

die Brüche bei den Stahlschienen auf ein Minimum herab-
geschmolzen, ja zur Zeit ganz gegenstandslos geworden sind.
Das Gebrechen wird demnach in den Stahlschienen durch die
Operation des Stanzens latent und bricht' hervor, sobald die
Kraft mit der nöthigen Intensität einwirkt, um das Gebrechen
zu Tage treten zu lassen.

Die Stahlschienen haben ungeachtet der mannigfaltigen
Vorzüge, welche man an denselben gegenüber den Eisenschienen
bereits constatirt hat und in Folge dessen eben ihre Verwendung
bei den Eisenbahnen immer allgemeiner wird, doch den Uebelstand, dass sie gegen Stösse weniger widerstandsfähig sind und
mehr Brüche ergeben *) als die Eisenschienen. Diese von der
Qualität des Metalles abhängige Tendenz zum Brechen, welche
seitens der Bahnorgane eine sorgsamere Ueberwachung erfordert,
ist geeignet, auch die Aufmerksamkeit auf die betreffenden
Fabrikationsmethoden selbst zu lenken. Es ist wahr, dass in
dieser letzten Hinsicht die zu lösende Aufgabe eine sehr schwere
ist, denn nimmt man vor Allem die Dauer der Schienen in
Rechnung, so ergibt sich ein zu harter und in Folge dessen
zu brüchiger Stahl; will man dagegen die Brüche vermeiden,
so geschieht dieses wieder nur auf Kosten der Verwendungsdauer der Schienen.

Es bleibt demnach die Aufgabe zu lösen, durch sorgfältige
Handhabung der Fabrikation (sic!) den Grenzpunkt zu fixiren,
wo diese einander etwas widersprechenden Bedingungen sich
am vortheilhaftesten vereinigen lassen.

Eine Grundlage, welche zu consultiren wir zur Aufklärung
dieser Frage für nützlich erachten, ist die Aufnahme des That-
bestandes der in der Bahn vorgekommenen Schienenbrüche
und die dabei beobachteten Bruchursachen.

Wir haben daher zu diesem Zwecke den nachstehenden
Ausweis über die während des Jahres 1875 gebrochenen Stahl
schienen zusammenstellen lassen.

---

*) Die in Rede stehenden Schienen wurden alle noch mit der Stanze
gelocht und wurden in den bei ihrer Vergebung aufgestellten Submissionsbedingnissen die Grösse der Abfälle, die Vorgänge beim Erkaltungsprocess
nicht aufgenommen.

Ausweis I.

Gebrochene Stahlschienen während ihrer Verwendung in der Bahn.

Verhältniss der		Lage der gebrochenen Schiene in der Bahn	mit		Art der Fehler der gebrochenen Schiene		Skizze der Brüche
Richtung	Neigung		freitra-genden Stössen	unter-stützten Stössen			
gerade	1 : 100	currente Bahn, linkes Geleise	1	—	durch beide Kupp-lungslöcher	1	
dto.	1 : 100	dto. rechtes Geleise	—	1	dto.	2	
dto.	1 : 100	dto.	1	—	dto.	3	

4	gerade	horizont.	auf der Temesbrücke nächst Zsebely	—	1	dto.
5 u. 6	R 400° 758·59 m	1 : 2500	currente Bahn, rechter Schienenstrang	1	1	durch be de Kupplungs öcher
7	R 898° 1706 m	1 : 700	currenteBahn linker Schienenstrang	1	—	senkrecht gegen Fuss fortlaufend
8	R 1000° 1896 m	horizont.	dto.	—	1	durch die be den Kupplungslöcher und Steg an einem Ende

Verhältniss der		Lage der gebrochenen Schiene in der Bahn	mit		Art der Fehler der gebrochenen Schiene	Skizze der Brüche
Richtung	Neigung		freitragenden Stössen	unterstützten Stössen		
gerade	1 : 100	dto. rechter Schienenstrang	—	1	durch beide Kupplungslöcher an einem Ende	9
dto.	1 : 100	dto.	—	1	dto.	10
dto.	1 : 100	dto.	2	—	dto.	11 u. 12

Fig.	Bruch Nr.	Art des Bruches			Bezeichnung		
12a	13 u. 14	dto.	1	1	Dilatationsschiene auf der Stadlauer Brücke	horizont.	dto.
16a	15 u. 16	durch be de Kupp-lungslöcher an einem Ende	1	1	currenteBahn, äusserer Schienenstrang	1 : 600 284·47 m	R 150° 284·47 m
17a (0·56 m)	*) 17	0·56 m vom stumpfen Ende gebrochen	1	—	linkseitige Spitz-schiene im Wechsel Nr. 36 in Kolin	horizont.	gerade
18a (1·35 m)	18	1·35 m von einem Ende durch d. Loch der Zugstange ge-brochen	1	—	rechtseitige Stock-schiene im Wechsel Nr. 8 in Steinbruch	·	dto.

*) Dem Bruche wie in Nr. 7 sin1 gleich die Brüche Nr. 22, 23, 25, 27, 29, 30 und 33 und zwar 0·6 bis 2 0 m vom Ende entfernt.

Verhältniss der		Lage der gebrochenen Schiene in der Bahn	mit		Art der Fehler der gebrochenen Schiene	Skizze der Brüche
Richtung	Neigung		freitra-genden	unter-stützten Stössen		
gerade	horizont.	Stockschiene beim Abladen gebrochen gefunden	—	1	**20** 1 m von einem Ende durch Steg u. Kopf	
R 600° 1137·88m	dto.	currente Bahn, rechter Schienenstrang	—	1	**21** durch beide Kupplungslöcher an einem Ende	
gerade	dto.	currente Strecke, linker Strang	1	—	**24** Bruch von der Krone gegen das zweite Bohrloch	

	Nr.				Beschreibung	Maßstab	
26b 1 m	26	1 m von einem Ende Bruch von Kopf zum Steg, dann durch die Kupp ungelöcher	1	—	dto.	1 : 150	dto.
28b 0·79 m	28	0·79 m vom starken Ende, senkrechter Bruch vom Kopf zum Fuss	1	—	rechtseitige Vignol-Spitzschiene im Wechsel Nr. 28 in Střelitz	1 : 100	dto.
31a	3	vom Zugstangenloch schief durch den Fuss der Schiene gehender Riss	1	—	linkseitige Stock-schiene im Wechsel Nr. 4 in der Station Silnwka	1 : 00	dto.
32 0·787 m	32	0·787 m v. Sp tzende Bruch durch d. ganze Profil schiefgehend	1	—	linkseitige Spitz-schiene im Wechsel Nr. 16 am untern Bahnhof in Brünn	1 : 400	dto.

Verhältniss der		Lage der gebrochenen Schiene in der Bahn	mit		Art der Fehler der gebrochenen Schiene	Skizze der Brüche
Richtung	Neigung		freitra-genden	unter-stützten Stössen		
R 150° 284·47 m	1 : 100	currente Bahn, innerer Strang	—	1	durch beide Kupplungslöcher an einem Ende	
gerade	1 : 500	currente Bahn, rechter Schienenstrang	—	1	dto.	
dto.	horizont.	linkseitige Spitzschiene im Wechsel Nr. 18 in Budapest	—	1	durch Kopf u. Steg senkrechter Bruch zum Zugstangenloch.	

Bemerkung. Die mit a bezeichneten Schienen wiegen 38 Kg per Meter
        " " b " " " 33 " "
Die Maximal-Radbelastung der im Verkehr stehenden Locomotiven ist 6·8 Tonnen.

Betrachtet man den Ausweis über die gebrochenen Stahlschienen, so wird Folgendes constatirt:

1. Dass Brüche durch die Bolzenlöcher nur bei jenen
Schienen, welche vor mehreren Jahren geliefert wurden, also
bei Schienen, wo das Lochen durch Druck (Stanzen) bewerkstelligt wurde, vorkommen.

Dieser Fehler zeigt sich nicht mehr bei den neuen Liefe-
rungen, wo die Bolzenlöcher gebohrt wurden.

2. Dass diese Brüche bei Schienen, welche seit 6 Jahren
in Verwendung stehen, vorkommen und dass demzufolge immerhin gestattet sein dürfte anzunehmen, dass solche Fälle auch
bei Schienen älterer Lieferung vorkommen werden*).

Die Brüche entstehen demnach nicht blos in der ersten
Zeitperiode der Verwendung der Schienen.

3. Dass die kurzen Brüche in dem Schienenkörper gewöhnlich nicht über 1 m von dem Ende entfernt stattfinden.

Dieser Zusammenhang führt zur Vermuthung, dass die
Ursache des Bruches etwa einer zu raschen Abkühlung oder
einer vom Ingotkopfe herstammenden unreinen Stahlqualität
zuzuschreiben sei.

Die constatirten Brüche vertheilen sich übrigens wie folgt:
Durch Bolzen- und Verbindungslöcher bei Weichen   23 Stück
    »   den Schienenkörper 12   »

Betrachtet man jedoch das Verhältniss bei dem neuen
Profil, Tafel VIII, Fig. 61, von Resicza**), wo der Ajustirung
grössere Sorge gewidmet wurde, so ergibt sich für diese Gattung
Schienen ein Bruch auf je 2665 Stück.

Um den Vergleich mit den französischen Bahnen auf-
stellen zu können, wurde das Verhältniss auf die kilometrische
Länge der Bahn ermittelt, woraus sich ergibt, dass auf unseren
Bahnen (bei Stahlschienen älterer Fabrikation) Ein Bruch auf
8·5 Km entfällt, während in Frankreich durchschnittlich Ein
Bruch 15 Km Bahnlänge entspricht.

---

*) Wohl nur dann, wenn die früher besprochenen Vorsichtsmassregeln
bei der Fabrikation ausser Acht gelassen werden.

**) Dasselbe, mit dem die vorher erwähnten Versuche durchgeführt
wurden und seit dessen Einführung das Bohren der Löcher und sonstige
Vorsichtsmassregel als Bedingung hingesetzt wurden.

Berücksichtigt man jedoch die in letzterer Zeit fabricirten Stahlschienen (bei welchen in Bezug des Lochens, der Abfälle, der Ajustirung die der neuesten Erfahrung entsprungenen Vortheile und Vorsichtsmassregeln in Anwendung kommen), so ergeben dieselben Einen Bruch auf 23·6 Km Geleiselänge, was wieder einen Vortheil gegenüber den französischen Bahnen ausweist.

Resumé. Die in der befahrenen Bahn constatirten Daten bezüglich der Stahlschienen ergeben, dass nach den gegenwärtigen Fabrikationsverhältnissen es nicht angezeigt wäre, zu den Schienen einen härteren Stahl zu verwenden (0·36 bis 0·5 Procent Kohlenstoff) als jenen, welchen man bis jetzt dazu verbraucht hat, und dass es ferner ausserdem unumgänglich nothwendig ist, den verschiedenen Manipulationen, welchen die Schienen nach dem Walzen ausgesetzt sind, die grösste Aufmerksamkeit zu widmen.

Diese klare Darstellung, welche die factischen Thatsachen registrirt, überwiegt alle weiteren Argumente, um die hervorragende Bedeutung des bezüglich der Fabrikation bisher Erwähnten zu demonstriren. Das weite Feld (2000 Km Bahnlänge, auf welcher alle nur denkbaren Betriebsverhältnisse vorwalten), auf welchem diese statistischen Factoren gesammelt wurden, lassen die Idee des Exceptionellen nicht aufkommen und man sonach mit voller Evidenz die Abnahme der Stahlschienen-Brüche von 3 : 1 nur auf Rechnung des neueren Walz- und Ajustirungsverfahrens schreiben kann.

Einen gleich schädlichen Eindruck übt auch das Stanzen der Ausklinkung bei den Schienen. Es ist daher auch hier geboten, mit besonderer Vorsicht vorzugehen und solche Klinken mit Vorsicht auszufeilen und derart dieselben am Fusse der Schienen anzubringen. Ueberhaupt wirken alle Einschnitte, die kräftig und mit Vehemenz am Profil der Schiene ausgeübt werden, nachtheilig auf den Aggregationszustand des Stahls, indem durch diesen Sprünge entstehen, die sich wie ganz schwache Haarrisse fortpflanzen und so für den Bruch prädestiniren und diesen hervortreten lassen, sobald eine Inanspruchnahme von besonderer Vehemenz auf die Schiene zur Wirkung kommt.

Die Versuche, die Professor Tetmajer auch bei gelochten Blechen mit besonderer Sorgfalt vorgenommen hat, geben über die Festigkeit von Kesselblechen von 8 mm Stärke ein klares Bild. Nach seinen Versuchen hat sich ergeben:

1. Die Festigkeiten sind selbst in einer und derselben Richtung veränderlich. Sie sind in der Blechmitte ein Maximum und nehmen nach den beiden Rändern ziemlich gleichmässig ab. Die Grösse der Differenz der Festigkeitswerthe kann die durch die Lochung und die nachträgliche Behandlung der gelochten Platten bedingten Veränderungen theilweise unter Umständen gänzlich verdecken.

2. Mit Wachsen der Festigkeit nehmen im Allgemeinen Dehnung und Contraction ab; der Qualitätscoëfficient bleibt ziemlich constant. In der Blechmitte, wo die Rohschienen der Paquete vorwiegend gestreckt werden, ist der Qualitätscoëfficient grösser als in der Nähe der Ränder.

3. Durch Stanzen verliert das Material an Festigkeit. Der Verlust an Festigkeit wächst mit Abnehmen der Stärke zur Lochweite. Bei einer Lochweite gleich der Blechstärke beträgt der Verlust selbst bei einem vorzüglichen Material (Low-moor-Qualität) immer noch 20 Procent der ursprünglichen Festigkeit.

4. Durch Ausglühen gestanzter Bleche kann der Festigkeitsverlust nach Massgabe seiner Grösse theilweise oder ganz aufgehoben werden. Die Grenze, bei welcher durch Ausglühen die ursprüngliche Festigkeit des ungelochten Bleches wiederhergestellt werden kann, liegt beim Verhältniss der Lochweite d zur Blechstärke s gleich 1·5.

Aus den gefundenen Werthen geht hervor, dass bei $\frac{d}{s} <$ als 1·5 durch Ausglühen gestanzter Bleche die ursprüngliche Festigkeit nicht mehr erreicht werden kann. Ist $\frac{d}{s} = 1\cdot5$, so ist die ursprüngliche Festigkeit wiederhergestellt. Ist $\frac{d}{s} >$ als 1·5, ist die ursprüngliche Festigkeit erhöht.

5. Durch die Procedur des Ausglühens gestanzter Bleche kann eine Festigkeitssteigerung um circa 17 Procent erzielt werden.

6. Durch Ausreiben gestanzter Löcher lässt sich nach Mass
gabe der Locherweiterung der Festigkeitsverlust theilweise oder
gänzlich aufheben. Die Grenze, bei welcher durch Ausreiben
um 0·2 cm die ursprüngliche Festigkeit des ungelochten Materials
wiederhergestellt werden kann, liegt annäherungsweise beim
Verhältniss der Lochweite d zur Blechstärke $s = 1·5$. Da selbst
bei Verhältnissen von $\dfrac{d}{s} = 2·5$ das Ausreiben von 0·1 cm unter
Umständen nicht mehr genügt, hat man zur Beseitigung der
schädlichen Stanzenwirkung die Lochleibung so lange nachzu-
reiben, bis die Wandungen sauber keinerlei Spuren der Stanzenwirkung mehr zeigen.

7. Durch gänzliches Ausreiben der durch Stanzen erzeugten
Beschädigung am Lochumfange wird die Festigkeit des ungelochten Materials bis auf circa 8 Procent erhöht.

8. Durch Bohren tritt ein Festigkeitsverlust des Materials
selbst bei einem Verhältnisse von Lochweite zur Blechstärke
$= 1·0$ nicht mehr in dem Masse auf, dass eine Abnahme der
Festigkeit des ungelochten Materials constatirt werden könnte.

9. Gebohrtes Material zeigt eine Erhöhung der ursprünglichen Festigkeit von 3 bis 12, im Mittel von 8·2 Procent.

Der Zuwachs an Festigkeit nimmt mit wachsendem Verhältnisse der Lochweite zur Blechstärke ebenfalls zu.

10. Durch Ausglühen der gebohrten Bleche wird eine
weitere Festigkeitssteigerung erzielt. Sie ist desto grösser, je
nachtheiliger der Einfluss des Bohrens gewesen.

Der Effect des Ausglühens gebohrter Bleche wächst aber
mit abnehmendem Verhältnisse der Lochweite zur Blechstärke.
Durch Bohren und Ausglühen lässt sich die Festigkeit des ungelochten Bleches bis circa 12 ¹/₂ Procent, im Mittel um circa
10 Procent erhöhen.

11. Das Ausreiben gebohrter Löcher ist zwecklos. Dagegen
steigert das Ausfeilen der Bohrlöcher die Festigkeit des gebohrten
und damit auch diejenige des ungelochten Materials. Die Festigkeitssteigerung des ausgefeilten gegenüber dem einfach gebohrten,
resp. ausgeriebenen Materials beträgt im Maximum 3·6 Procent,
so dass gebohrte und nachgefeilte Bleche um 8·3 bis 14·3 im
Mittel circa 10 Procent stärker sind, als die ungelochten.

12. Vorstehende Resultate gelten zunächst für das gewählte Versuchsmaterial prima Qualität.

Die Entscheidung, ob und in welchem Masse die hier gewonnenen Resultate auf stärkere und minderwerthige Blechmarken zu übertragen sind, bleibt weiteren Versuchen vorbehalten.

Der Verfasser, dem vieljährige und mannigfache Erfahrungen auf dem eben behandelten Gebiete zur Seite stehen, glaubt sich sonach zu behaupten berechtigt, dass, wenn zu dem gegenwärtigen Fortschritte, der in der Production des Stahls errungen wurde, noch alle jene Modalitäten, die bei der Fabrikation der Schienen vom Standpunkte ihrer Widerstandsfähigkeit aus im Auge zu behalten sind, nach ihrem vollen Umfange zur exacten Durchführung gelangen, von einer Besorgniss wegen »Bruch« bei Stahlschienen ebensowenig die Rede sein kann, wie von der Zerstörung eines Hauses durch Blitz. Und wenn ein solcher vorkommen sollte, dieser nicht als Eigenschaft dem Stahl prädicirt werden darf, sondern als eine vollkommen abnormale Erscheinung anzusehen ist, die nicht ihren Ursprung in der Beschaffenheit des Materials, sondern in ausser seinem Wesen liegenden Zufälligkeiten zu suchen ist.

Zu d) Die Masshaltigkeit der Schiene steht im innigen Zusammenhange mit dem Walzprocesse.

Die ungleiche Abkühlung zwischen Fuss und Kopf bewirkt ein früheres Erkalten des ersteren und bleibt sonach in seiner linearen Entwicklung in dem Finisseurcaliber zurück. Insbesondere kann dieser Uebelstand dort eintreten, wo die Ingots mit e i n e r Hitze zum Verwalzen gelangen sollen und die Walzoperation durch mangelhafte Einrichtung nicht im raschen Tempo vor sich geht. In solchen Fällen wird man bei Schienen von grösseren Längen etwa über 7·0 m sehr ungünstige Resultate erzielen und erfordern Schienen von solcher Länge unbedingt die Anlage eines Trio-Walzwerkes.

Die Dimensionen des Schienenprofiles werden weiters auch noch durch abgenützte Walzen alterirt. Es wird sonach geboten erscheinen, eine Auswechselung derselben vorzunehmen, sobald eine Zunahme in den Dimensionen des Profils wahrgenommen wird, welche die gesetzlichen Bestimmungen überschreitet*). Solche Zunahmen werden durch Normalschablonen constatirt, mit welchen mehrere Profile der von Tag zu Tag verwalzten Schienen controlirt werden.

Diese Normalschablonen werden dem Werke von der betreffenden Bahnanstalt, welche die Bestellung einleitet, als Voll- und Hohl-Schablone übermittelt und müssen die angefertigten Schienen mit derselben genau übereinstimmen.

Die tolerirten Abweichungen müssen in den diesfällig abgefassten Bedingnissen präcise angeführt erscheinen und müssen jene Constructionsmasse hervorgehoben werden, die absolut keine Veränderung erleiden dürfen. (Siehe beiliegende Submissionsverträge.)

So zum Beispiel dürfen die Winkel der Laschenflächen sowie die Umfangslinien der Laufflächen, als auch die Höhe der Schiene, insbesondere der gegenseitige Abstand der Laschenflächen der ganzen Schiene entlang keine Abweichung von den vorgeschriebenen Dimensionen zeigen. In den übrigen Massen wird gewöhnlich 0·5 bis 1·0 mm auf oder ab zugestanden, um der unvermeidlichen Abnützung der Finisseurcaliber Rechnung zu tragen.

Um allen spätern Reclamationen, welche aus den oben besprochenen Gründen der Unter- oder Uebermasse hervorgerufen werden könnten, aus dem Wege zu gehen, ist es gerathen, die Calibrirung der Finisseurwalzen, insbesondere das Vollendungscaliber der Walzen noch vor Beginn des Walz processes genau zu untersuchen**).

Grössere Abweichungen als in den Dimensionen der Profile müssen in der Länge der Schiene zugestanden werden, da der Contractionswerth der Schienen von ihrem jeweiligen Wärmegrad während des Zusägens abhängt und Differenzen von 2 bis 3 mm unvermeidlich werden. Die tolerirte Abweichung in der Länge wird allgemein mit $^1/_{1000}$ der normalen Länge bestimmt, sonach bei 6·0 m = 3 mm, bei 7·0 m = 3$^1/_2$ mm, bei 8 m = 4 mm und bei 9 m = 4$^1/_2$ mm.

---

*) Selbstverständlich wird das Auswechseln der Walzen von der Feinheit des Profiles, Länge der Schiene und Härte des Stahls abhängig sein.

**) Die nachtheiligen Folgen im Geleisgefüge durch nicht genaues Einhalten der Laschenflächen (Stützflächen der Laschen) wird noch weiter in Erörterung gezogen werden.

Die vielfältigen Schäden, denen das Walzproduct unterliegt (Rissig-, Schlitzigwerden, Sinternester etc.) und die hierdurch oft zu grossen Abfällen der erwalzten Stücke Anlass geben wenn nicht etwa dieselben ganz als nichtverwendbar agnoscirt werden — lassen es im Interesse der Erzeugungskosten als wünschenswerth erscheinen, ein bestimmtes Procent des zu erzeugenden Quantums, von viel kürzeren als die vorgeschriebenen Längen in Abnahme zu stellen. Die normirten Procentsätze richten sich nach der Schwierigkeit, die das zu erwalzende Product, theils durch das complicirte Profil, theils durch seine Länge, der Fabrikation entgegenstellt. Man wird den gegenwärtigen Verhältnissen zur Genüge Rechnung tragen, wenn bei den Vignolschienen von dem im Blatt I, Fig. 61 bis 69 (Tafel VIII bis X), dargestellten Profil nachstehende Procentsätze an verkürzten Schienen zugestanden werden, und zwar:

Bei einer normalen Länge von 7 m 3　%, 6 m und 2　%, 5 m
　　　»　　　»　　　»　　　　　»　　　» 8 » 3 1/2 %, 7 »　　» 2·5 %, 6 »
　　　»　　　»　　　»　　　　　»　　　» 9 » 4　%, 8 »　　» 3　%, 7 »

von dem ganzen zu erzeugenden Quantum.

Die Prüfung der erzeugten Schienen wird von Seite des mit der Ueberwachung der Fabrikation betrauten Organes seitens der Bahnanstalt in zweifacher Richtung zu pflegen sein:

a) Prüfung in Betreff der Fabrikation.

b) Prüfung in Betreff der Festigkeit des Materials.

Zu *a)* Es würde von jeder Bahnverwaltung ein arger Verstoss gegen ihre zu wahrenden Interessen begangen werden, wenn nicht das von ihr zur Ueberwachung, Prüfung und Uebernahme der Schienen bestellte Organ bemüssigt wird, das betreffende Werk derart zu beeinflussen, dass die ganze Fabrikation sach- und fachgemäss zur Durchführung kommt und dass à priori auf eine vollkommen entsprechende Leistungsfähigkeit des Fabrikates geschlossen werden kann. Hier gilt das Wort des Dichters: »In die Tiefe musst Du steigen, soll sich Dir das Wesen zeigen.« Bis zu den ersten Phasen in der Schöpfung des Rohproductes muss das umsichtige Auge reichen, die kleinsten Vorgänge, die die Erzeugung touchiren, nicht ausser Acht lassen, sich in alle Nuancen der Fabrikation einleben. um dann als richtiger und erfahrener Diagnostiker dastehen zu können, wo es sich darum handelt, Gebrechen zu constatiren oder verborgene Mängel zu Tage zu rufen. Doch zur Sache! Die erste Prüfung gilt zur Erhebung der Tadellosigkeit der Form. Zu diesem Behufe wird jede Schiene auf einen (auf zwei Böcken von 1·5 m Höhe liegenden) Pfosten gelegt und auf allen vier Seiten gewendet, während der die Prüfung Vornehmende diese, auf und ab schreitend, genau besieht. Die Fehler oder Mängel, die hierbei wahrgenommen werden können, sind: Kleine rissige Stellen am Fusse, Unebenheiten am Kopfe, schalige oder schuppige Stellen an den Laufflächen, eingewalzte Sinterstücke im Fuss oder Kopf, theilweise ungleiche Flächen am Auflager des Fusses. Ferner schiefgeschnittene Querschnittsflächen, Verdrehungen der Längenachse nach, Verkrümmungen, mangelhaft gefrässte Schnittflächen, Bärte an den Bolzenlöchern. Ist die Schiene nach allen Seiten von diesen Mängeln frei, so wird zur Constatirung der Masshältigkeit in Betreff des Profiles und der Länge geschritten, und zwar bei ersterem durch Anlegen einer Normalschablone und bei letzterem einer genau rectificirten Eisenstange mit nach rückwärts überbogenem Ende, welche am Kopfe der Schiene aufgelegt und fest angezogen wird, bis das überbogene Ende gut anschliesst. Hierauf werden die Schablonen zur Prüfung des Durchmessers und richtigen Abstandes der Löcher angelegt und endlich jene zur sorgfältigen Erprobung in Betreff der richtigen Neigung der Laschenflächen. Es muss hiebei bemerkt werden, dass nur wirkliche, den Bestand der Schiene und die Solidität ihres Gefüges im Geleise gefährdende Mängel und Fehler in Berücksichtigung gezogen werden sollen, weniger jedoch unbedeutende und sogenannte »Schönheitsfehler«, die in vielen Fällen beanstandet werden und das Werk materiell schädigen. Die besprochene Art der Prüfung muss mit jeder Schiene vorgenommen werden und wird die für gut und fehlerfrei gefundene beiderseits am Querschnitte mit der Stampiglie der Bahnverwaltung versehen, die fehlerhaften hingegen anderart und gut kennbar markirt.

. Es wird von vielen Bahnverwaltungen zugestanden, dass die bei der Revision mit einzelnen Fehlern behaftet vorgefundenen Schienen nach Abschneiden der fehlerhaften Stellen (als verkürzte Schienen für Weichengeleise oder zur Verwendung im

Nebengeleise der Stationen) zur Uebernahme zugelassen werden. Bei solchen Verkürzungen ist nun darauf zu achten, dass diese im kalten Zustande (mit Kreuzmeissel) und nicht etwa durch neuerliches Erhitzen durch die Circularsäge vorgenommen werden. Insbesondere gilt dieses für solche verkürzte Schienen, die ihre spätere Verwendung im Weichengeleise finden.

Es möge Jenen, welche diese Dienstobliegenheit als Neulinge besorgen, zur Richtschnur dienen, dass sehr oft Walzfehler auf künstliche Art maskirt werden (nur die betreffende Arbeiterpartie, deren Ajustirungslohn von der Tonne wirklich übernommener Waare abhängig ist und denen es von Seite der Werksverwaltung zur Pflicht gemacht ward, schadhafte Schienen noch vor erfolgten Ajustirungsarbeiten auszuscheiden, macht sich derartiger Täuschungen schuldig). Die betreffenden Stellen werden mit Eisenkitt oder mit einer anderen Masse verstrichen, so dass der manchmal sehr bedeutende Fehler nicht gleich merklich wird. Ein prüfender Blick wird jedoch durch die Verschiedenartigkeit der Färbung (je nach der Masse röthlichbraun oder schwarzgrau) bald auf sicherer Spur sein, und einige Hiebe mit einem Schrotmeissel werden zur sicheren Entdeckung dieser Täuschung führen. Einmal der Sache gründlich nachgegangen wird vor weiterer Dupirung schützen. Das Vorgesagte wird es begreiflich machen, dass derartige Prüfungen nur in sehr lichten Räumen, am besten unter freien Himmel mit Erfolg durchgeführt werden können und dass die Hände des prüfenden Commissärs nicht mit Handschuh und Spazierstöckchen, sondern mit Hammer und Meissel bewaffnet sein müssen.

Zu b) Die in Betreff der Festigkeit des Schienenmaterials vorzunehmenden Proben umfassen die Versuche über:

1. Widerstand gegen Bruch (Schlag und Fall),
2.   »   »   ruhige Belastung, Druck,
3.   »   »   Einbiegung.

Zu 3. Der Widerstand gegen Bruch (Bruchfestigkeit) wird bei der Schiene durch das freie Auffallen eines eisernen Rammklotzes bemessen. Zu diesem Ende wird die Schiene auf zwei massive, gut fundirte, sonach unnachgiebige, eiserne, prismatische Stützen aufgelegt, deren Entfernung von einander der grössten freilagernden Weite der Schiene im Geleise entspricht

1·0 bis 1·1 m freie Stützweite —. Der Rammklotz bewegt sich in der Nuth zweier aufrechtstehenden Balken (Holz oder Eisen), an denen seitwärts eine Scala angebracht ist, um die Fallhöhe abzulesen.

Soll der Widerstand erprobt werden, welchen die Schiene bis zur grössten Einsenkung in der Mitte, ohne zu brechen, dem Schlag des Fallklotzes von dem Gewichte P entgegensetzt, so wird zur Berechnung der Fallhöhe H die Gleichung

$$\frac{Q^2 l^3}{96\,ET} = PH$$

benutzt werden. In dieser Formel bedeuten:

E den Elasticitätsmodul für Stahl = 2,150.000,

T das Trägheitsmoment,

l die freie Stützweite,

P das Gewicht des Fallklotzes,

Q die grösste zulässige Belastung für die Einbiegung bis zum Bruch.

Offenbar kann bei einer Vergrösserung von H (der Fallhöhe) der Bruch eintreten, ohne die Qualität der Schiene bemängeln zu können.

Da die Grösse H von den Annahmen oder Bestimmungen für h und K der Probe 1 abhängt, somit die Höhe der grössten Einsenkung bestimmt ist, so wird hieraus auch die Fallhöhe normirt werden können.

In Folge des grossen Einflusses, den das Fallmoment auf die jeweilige Temperatur der Schiene ausübt, indem der diesem Moment entgegengesetzte Widerstand mit der Abnahme der Temperatur auch abnimmt, müssen auch die Fallhöhen zu der jeweiligen Temperatur der Schienen (nicht der Luft) in gleichem Verhältnisse sich befinden.

Für das auf Blatt II dargestellte Profil wurde zur Erprobung der Bruchfestigkeit normirt bei $P = 300$ Kg, $l = 1\cdot1$ m:

bei einer Temperatur von unter 0° Celsius $H = 2\cdot5$ m

» » » bis $+20^\circ$ » $H = 3\cdot5$ »

» » » über $+20^\circ$ » $H = 4\cdot5$ »

Es ist selbstverständlich, dass die Grenze der Bruchfestigkeit bei diesen Fallhöhen und dem angenommenen Gewichte des Fallblockes bei einem bestimmten Profile nicht erreicht werden muss; da es sich weniger darum handelt, die Grenze der Bruchfestigkeit eines bestimmten Profiles zu bestimmen, als vielmehr die Ueberzeugung zu gewinnen, dass die Sicherheit gegen Bruch gegenüber dem Masse der factischen Beanspruchung in der Bahn vollkommen gewahrt ist.

Die Schienen auf eine grössere Sicherheit als die erwähnte zu erproben, führt zu einer unnützen Schädigung des Fabrikanten, ohne hiermit für die Bahnverwaltung einen plausiblen Werth zu erzielen. Ja, derartige vehemente Proben sind vom Standpunkte eines wirthschaftlichen Gebahrens gar nicht zu billigen, da sie im Stande sind, ein durchgehends gut brauchbares Fabrikat zu discreditiren.

Zu 1. Alle auf die Festigkeit des Materials hinzielenden Versuche müssen solche Resultate ergeben, dass sie gegenüber der factischen Beanspruchung der Schienen durch die Betriebsmittel die sicherste Bürgschaft zu leisten im Stande sind.

Ist zum Beispiel 7·0 Tonnen der Maximal-Raddruck, den die Schienen für die Maximal-Stützweite von 1·01 m bei einem bestimmten Profile erleiden, so wird es genügen, wenn die Erprobung auf vorübergehende Einbiegung Resultate gibt, die dem 2- bis 3fachen der obbesagten Beanspruchung gleichkommen. Es wird sonach genügen, die auf zwei feste und gut fundirte Eisenunterlagen aufruhende Schiene ven 1·0 m freier Stützweite mit 14·000 Kg zu belasten, ohne eine bleibende Einbiegung zu erhalten.

Die Grösse der Pfeilhöhe h, bis zu welcher die Schiene ohne bleibender sichtbarer Senkung mit 14.000 Kg belastet werden kann, wird ermittelt durch $h = \dfrac{P_1 \times l^3}{48\,E\,T} = \dfrac{14.000 \times 100^3}{48\,E\,T}$, wobei E den Elasticitätsmodul und T das Trägheitsmoment des zu erprobenden Schienenquerschnittes bezeichnet.

Zu 2. In gleichem Sinne wird die Erprobung auf ruhige Belastung oder Druck vorzunehmen sein; indem man die zu erprobende Schiene, welche, wie bei der Probe ad 1 auf zwei Stützen aufruht, mit einer Belastung beansprucht, die der 3- oder 4fachen durch den Maximal-Raddruck repräsentirten, factischen Beanspruchung gleichkommt und durch einige Minuten einwirken lässt, ohne dass ein Bruch erfolgt. Allgemein wird bei

Stahlschienen, wo die Erprobung auf Bruch die grösstmögliche
Sicherheit bieten soll, die 4fache wirkliche Beanspruchung als Grenz-
werth angenommen, sonach = 4·7 Tonnen = 25.000 Kg = Q^1.

Eine Fortsetzung der Belastung kann nun den Bruch herbeiführen, es bleibt jedoch ohne Einfluss auf die Verwendbarkeit
der Schiene, ob der Bruch bei einer Beanspruchung, die dem
5fachen oder bei einer solchen die dem 6fachen Raddruck
gleichkommt, vor sich geht.

Von Interesse ist es, die Grösse der bleibenden Senkung
zu messen, die bei der Belastung bis zur Bruchgrenze eintritt.
Die ganze diesfällige Einsenkung h_1 wird sich bestimmen aus

$$h_1 = \frac{Q_1 \, l^3}{48 \, E \, T},$$ wo E, T, l die früheren Bedeutungen und Q_1 der

Belastung bis zum Bruch entspricht *).

Die bei den Proben 2 und 3 gewonnenen Bruchflächen
werden in Bezug der Homogenität des Kornes und der Farbe
desselben genau untersucht und wird ein guter Stahl ein fein-
körniges dichtes Gefüge von zackigem Bruche und matter, nicht
sehr lichter Farbe sein.

Ueber die Anzahl der Stücke, welche von dem ganzen
erzeugten Schienenquantum den unter 1 bis 3 bezeichneten
Proben zu unterziehen sind, wird vorerst das Vertrauen entscheiden, welches der Qualität des Rohproductes und dem
ganzen Verlauf der Fabrikation entgegengebracht werden kann,
sodann der Umstand, ob gleiche Profile und Längen als die zu
erprobenden Schienen bereits durch längere Zeit in Verwendung
sind, und die Widerstandsfähigkeit derselben durch Erfahrungen
sichergestellt ist. Unter allen Umständen jedoch werden die zu
erprobenden Schienen nicht blindlings aus dem vollen Haufen
herauszugreifen sein, sondern man wird in Berücksichtigung
des eben Erwähnten eine gewisse Stückzahl der einer Charge

---

*) Diese Probe, welche eigentlich die Maximal-Senkung bis zur Bruch-
grenze constatiren soll, wird am zweckmässigsten durch eine Vorrichtung
erzielt, die für jede Intensität des Druckes, die ihre entsprechende Einsenkung der Schiene markirt. Eine derartige Vorrichtung der vollkommensten
Art besitzt das Werk Creusot in Frankreich (Departement Saon und Loire),
wo von dem Verfasser eine umfassende Reihe der einschlägigen Versuche
mit Stahlschienen angestellt wurden.

und Walzperiode entstammenden Schienen hiezu auswählen.
Die Submissionen bestimmen gewöhnlich ein Procent des erzeugten Quantums als die Menge, welche den Proben zu unterziehen ist.

Die Art und Weise, wie die Daten dieser Proben zu
registriren sind, wird das nachstehende Formular klarstellen,
in welchen die factischen, bei 9·0 m langen Stahlschienen sich
ergebenen Daten im Werke Resicza aufgenommen erscheinen.

Der eigentlichen Uebernahme des Fabrikates geht voran die
Bestimmung des Normalgewichtes der Schienen pro Currentmeter. Dieses Gewicht wird selten mit dem Normalgewichte,
das den constructiven Querschnitt zur Grundlage hat, überein
stimmen, sondern ein Plus oder Minus zeigen. Es ist dieses
ganz natürlich, wenn man bedenkt, dass sowohl das Profil als
die Länge der Schiene, endlich das absolute Gewicht des Stahls
Variationen unterworfen ist.

Es müssen zur Bestimmung des normalen Gewichtes der zu
übernehmenden Schienen genaue Abwägungen mit gut tarirten
Wagen vorgenommen werden. Es werden behufs Constatirung
des normalen Gewichtes pro Currentmeter 3 bis 5 Stücke von
Hundert des bis zur Zeit der ersten Uebernahme erzeugten
Quantums erwählt, welche womöglich dem construirten Querschnitt entsprechen, was durch sorgfältige Messung mit der
Voll- und Hohlschablone ermittelt wird. Desgleichen überzeugt
man sich von der genauen Länge der zu wiegenden Schienen.
Die daraus zur Bestimmung des Normalgewichtes sortirten
Schienen werden zu 3 oder 5 Stück auf die Wage gegeben und
von sämmtlichen vorgefundenen Effectivgewichten das arithme-
tische Mittel genommen, welches für die ganze, in Bestellung
gebrachte Schienenlieferung als Normal- oder Berechnungs-
gewicht zu gelten hat.

Es ist gewöhnlich in den Lieferungsbedingnissen ausge-
sprochen, welches Procent an Plus oder Minus des Normalgewichtes zugestanden wird, und gehen die diesbezüglichen
Punctationen dahin, dass, so lange das durch diese Stichproben
sich ergebende Effectivgewicht nicht mehr als ein Procent von
dem aus dem Normalgewichte sich verrechneten Gesammtgewichte abweicht, das Effectivgewicht bezahlt wird, hingegen

bei einem Mindergewicht von mehr als ein Procent des Normalgewichtes das Fabrikat als nicht entsprechend bezeichnet werden kann.

Die Wichtigkeit der Sache spricht für ein sehr präcises
Vorgehen bei den eben besprochenen Gewichtsbestimmungen,
die in Gegenwart beider Interessenten oder der von ihnen
hierzu delegirten Organe durchgeführt werden soll, und erscheint
es nicht überflüssig, das Ergebniss derselben schriftlich zu
documentiren und rechtskräftig jederseits zu fertigen. Ueber
die Ausfertigung der Gewichtstabellen und der Ausstellung des
Uebernahmsbefundes mögen die hier folgenden Formulare zur
weiteren Orientirung dienen.

Beilage IV.

Gewichts-Tabelle

zum Uebernahms-Befund vom....................................*über von*.................... ..

....................................*auf Grundlage des hohen Erlasses ddto.*.................... .... .

Directions-Zahl............*für die zu*....................*gelieferten*....................

Post-Nr.	Benennung des Gegenstandes	Stück	Vorgefundenes Gewicht	Gegen das Normalgewicht		Anmerkung
				mehr	weniger	
			Kilogramm	Kilogr.	Kilogr.	

Das Verhalten der Stahlschienen im Geleise nach dem gegenwärtigen Stande der Beobachtungen.

Die Gebrechen, denen die Stahlschienen im Fahrgeleise durch die Beanspruchung der Fahrbetriebsmittel unterliegen, resumiren sich nach dem bisherigen Stande der gemachten Beobachtungen in:

a) Bruch,

b) Verdrückung,

c) Abnutzung — Abschleifung — Verschleiss.

Zu *a)* Die gespenstigen Schatten, welche die aus Gussstahl fabricirten Stahlschienen in der ersten Periode ihres Auftretens durch die bei der Verwendung vorgekommenen Brüche weithin von sich streckten und die Sicherheit des Verkehrs in ein unheimliches Dunkel hüllten, sind durch das Licht der Forschung und Vervollkommnung, welches nun alle ihre Bildungsphasen hell erleuchtet, bedeutend zurückgewichen und wird diese Thatsache durch die Statistik in erfreulicher Weise constatirt. Man kann den Bruch heute nicht mehr als ein Charakteristikon der Stahlschienen, sondern nur als ein sporadisches, von seltenen Zufällen herbeigeführtes Gebrechen bezeichnen, welches sonach die Verwendung nicht im Geringsten afficirt. Dass dieses in Betreff der Fabrikation mit vollem Rechte behauptet werden kann, wurde an geeigneter Stelle nachgewiesen (siehe Seite 85 bis 101), es wäre nur noch eines anderen Umstandes zu gedenken, der zum Hervortreten dieses Gebrechens den Impuls verleiht und zwar der des Frostes.

. Dass das Vorkommen der Brüche bei Stahlschienen älteren Fabrikats in der Winterperiode in vermehrten Fällen signalisirt wurde, als während der Sommerperiode, ist durch statistische Zahlen erwiesen.

Es ist jedoch kein Nachweis vorhanden, ob nicht die Beanspruchung der Schienen während der Winterperiode (durch den Verkehr grosser Schneepflüge, starkes Bremsen während des Glatteises etc.) auch in demselben Masse grösser war, als die Zunahme der Brüche dieses bedingt. Es wäre sodann diese Erscheinung nicht auf physikalische, sondern vielmehr auf mechanische Wirkungen zurückzuführen.

Jedoch haben Versuche, die der Verfasser nach dieser Richtung hin angestellt hat, bewiesen, dass das Vorwalten physikalischer Kräfte beim Auftreten solcher Erscheinungen nicht ganz ausser Beachtung fallen dürfe.

Schon die Fallproben, die den Bruch der Schiene bei sehr niederer Temperatur (— 20° Celsius) bei viel geringerer Fallhöhe herbeiführen als bei einer höheren Temperatur, lassen den Schluss zu, dass der Aggregatzustand des Stahls durch das Fallen der Temperatur wohl in Folge der Zusammenziehung und Verdichtung der Molecule einer kleinen Aenderung unterliegt, welche die Bruchfestigkeit nicht günstig beeinflusst.

Directe, auf die Klärung dieser Erscheinung hinzielende Versuche wurden vom Verfasser in folgender Art angestellt: Noch in Rothhitze befindliche Stahlschienen wurden durch das Einlegen in ein Schneebad plötzlich zur Abkühlung gebracht und deren Bruchfestigkeit durch den Fallblock untersucht. Bei einer Temperatur von — 16° Celsius und bei einem Gewichte des Fallblockes von 300 Kg wurde die Schiene nach 3 bis 4 Schlägen à 3·0 m Fallhöhe zum Bruche gebracht, während die durch langsame Abkühlung gleichmässig behandelten Schienen bei derselben Fallhöhe nicht zum Bruche kamen. Solche Schienen, langsam erwärmt bis circa 30° Celsius, zeigten jedoch. unter den Fallklotz gebracht, wieder eine erhöhte Bruchfestigkeit, da dieselben erst bei 5 m Fallhöhe zwischen 3 bis 4 Schlägen zum Bruche kamen. Es liegt somit die Folgerung ganz nahe, dass ein schnelles Abkühlen der Schienen besonders bei niederer Temperatur die Bruchfestigkeit sehr herabmindern kann und dass der Einfluss der Kälte auf Stahlschienen wohl nicht von Erheblichkeit, aber bei sehr gesteigerter Beanspruchung derselben immerhin sich bemerkbar machen kann.

Zu b) Wird darauf geachtet, dass die geeignete Stahlsorte zur Fabrikation verwendet wird, sind ferner keine Anomalien in der Geleislage und in der Beschaffenheit der Bandagen der Locomotiven und Wagen vorhanden, die die Fahrschiene den heftigsten Stosswirkungen aussetzt, so kann keine Deformirung oder Verdrückung der Lauffläche oder irgend einer Partie des Schienenkopfes auftreten. Eine Ausnahme hiervon bilden die Schienenenden am Zusammenstosse, insbesondere bei dem Querschwellen-Oberbau, wenn die Verlaschung eine mangelhafte ist, oder die Laschenbolzen nicht genügend angezogen sind. Diese Umstände machen sich je nach ihrem Zusammentreffen mehr oder minder geltend, so dass eine absolute Continuität zwischen den beiden zusammenstossenden Schienen nicht erzielt werden kann. Selbst bei Laschen von genügend starkem Querschnitte und hinreichender Länge ist es theils die Ungleichheit der Laschen, theils die mangelhafte Uebereinstimmung der Stützflächen und endlich das ungenügende Anziehen der Schraubenmuttern, die ein Nachgeben der Schienenenden im Momente, wo das Rad von einer Schiene auf die andere übertritt, veranlassen. Durch dieses Nachgeben des belasteten Schienenendes wird für das Rad ein stufenförmiger Uebergang gebildet, wodurch der Stoss hervorgerufen und die Verdrückung der Laufflächen bewirkt wird. Bei Beachtung der nöthigen Vorsicht bezüglich der Wahl der Laschen, Stärke der Bolzen und bei Anbringung einer geeigneten Vorrichtung, dass die einmal fest angezogenen Muttern keiner leichten Lockerung unterliegen, kann auch diesem Uebelstande kräftig entgegengearbeitet werden. Vortheilhaft in dieser Richtung erweist sich eine sehr schwache Neigung der Stützflächen und werden sich sonach horizontale Stützflächen bei sonst genügendem Querschnitt der Laschen am zweckmässigsten bewähren.

Zu *c)* Alle bisher aufgezählten Gebrechen üben einen nur untergeordneten Einfluss auf die Verwendungsdauer der Stahlschienen, ihr zerstörendes Auftreten ist incohärent von dem Wesen des Materials und ist es die Aufgabe der Technik, durch weitere Vervollkommnung der Fabrikation und Erzielung innigerer Gefüge der Schienenstösse, die Existenz der Schiene gegen diese zerstörenden Angriffe zu wahren.

Tabelle *A* zeigt eine hierauf Bezug nehmende Zusammenstellung.

Tabelle A.

Stahlschienen-Abnützung und Werthbestimmung der Stahlschienen.

Die Nebeneinanderstellung der nachfolgenden Werthe für eine neue und eine in der bezeichneten Weise abgenützte Schiene ergibt folgende Resultate:

	Neue Schienen		Nach Zeichnung abgenützte Schienen	
Querschnittsfläche der Schiene .	4210	mm²	3550	mm²
Gewicht	33	Kg	27·82	Kg
Schwerpunkts- $\{$ y' vom Fusse	61	mm	52	mm
abstand $\{$ y'' » Kopf .	64	»	68	»
Trägheitsmoment	863	cm	651	cm
Inanspruchnahme bei 7000 Kg Rad- belastung und 95 cm Schwellen- abstand	9·32 Kg		12·26 Kg	

Nachdem laut Bedingnissen über die Lieferung vom Bessemer-Stahlschienen durch den ersten Probeversuch eine Elasticitäts-festigkeit von 26·5 Kg pro mm² bedingt ist, so könnte auch die Abnützung so weit stattfinden, bis die Inanspruchnahme 13 Kg pro mm² erreicht.

Wird nun angenommen, dass die Schiene dann ausge-wechselt wird, wenn die Abnützung den eingezeichneten Grad erreicht hat, so ist

4210—3550 = 660 mm² die abgenützte Fläche

$\frac{660}{M} = \alpha$ mm² die Abnützung pro Lasteinheit, wenn M die An zahl der Lasteinheiten bedeutet, welche die Schiene passirt haben.

Durch diese Angaben und Resultate ist eine allseitige Be-urtheilung der Schienen nach ihrem Werthe ermöglicht und zwar:

1. Aus der Inanspruchnahme, bei welcher die Auswechslung erfolgt, ergibt sich der Grad der Ausnützung der Schienen, resp. die angestrebte Sicherheit.

2. Aus dem Verhältnisse der Querschnittsfläche der Schiene zur grösstmöglichen Abnützungsfläche ergibt sich die Zweck-mässigkeit des Schienenprofiles.

3. Aus der Abnützung pro Lasteinheit ergibt sich die Qualität des Schienenmateriales.

Unwiderstehlich hingegen wirken die über die Schienen hinrollenden Massen durch ihre adhärirende und frictirende Thätigkeit auf ein successives Diminuiren ihres Bestandes. Von der Beschaffenheit der Bandagen der Grösse der Fahrgeschwindig-keit und der Gewichtsmassen der transportirten Lasten hängt es nun ab, mit welcher Intensität auf die Abnahme des Schienenmaterials eingewirkt wird. Dieses Ab- oder Ausnützen der Stahlschiene ist ihr natürlicher immanirender Verlauf und bildet eine Cardinalgrösse im Calcul der aufzustellenden Betriebskosten. Alle Mittel, die es abzielen, den Verlauf der Abnutzung zu verzögern, sind für den Eisenbahnbetrieb von schwerwiegendem ökonomischen Interesse, und ist es Aufgabe der weiter folgenden Abhandlungen, nachzuweisen, inwiefern man bei einem und demselben Schienenmaterial durch zweckmässigere Vertheilung der Massen im Stande ist, die ökonomische Grenze der Ausnützung nach Möglichkeit hinauszuschieben.

Die zu erzielenden ökonomischen Vortheile durch die Länge und durch das Profil der Stahlschiene.

Länge der Stahlschiene.

Es ist eine hochinteressante Wahrnehmung, die sich durch die Betrachtung der steten, aber langsamen Zunahme der Fahrschienenlänge in der Genesis des Eisenbahnbetriebes erschliesst.

Man sieht es deutlich, wie das Gefühl des Unbewusstseins in der Bestimmung der richtigen Länge so lange vorwaltete, bis die praktische Erfahrung selbst den Fingerzeig hierzu gab und wie noch trotzdem mit langsamem und ungewissem Schritte vorgedrungen wird und bis heute noch nicht die Grenze fixirt ist, die auf Grund gesammelter Betriebsresultate und ökonomischer Ermittlung eine unverrückbare und allgemeine Geltung sich erringen konnte.

Im Nachstehenden mögen die hierauf influirenden wichtigsten Momente ventilirt werden, um den Nachweis zu führen, dass dem gegenwärtigen Stande in der Fabrikation der Schienen und den Ergebnissen, deren Verwendung als auch den Bedürfnissen der Betriebsinteressen entsprechend, die normale Länge der Stahlschiene mit 9·0 m allgemein normirt werden kann *).

Bei den Bestimmungen hinsichtlich der Länge der Schienen sind massgebend:

---

*) Die priv. österr. Staatseisenbahn-Gesellschaft hat Stahlschienen von 9·0 m Länge über Anregung ihres Bau-Directors A. de Serres auf ihrer Linie Temesvar-Orsova zur Verwendung gebracht und werden diese Schienen im Werke Reschitza erzeugt.

a) die Fabrikation,

b) der Transport (Auf- und Abladen),

c) die Legung (Gewicht und Dilatation)

d) » Abnutzung durch Beanspruchung in der Bahn,

e) » Einflussnahme auf die Betriebsmittel,

f) » Auswechslung,

g) » Ersparungsrücksichten,

h) » Betriebssicherheit und Erhaltung.

Zu *a)* Es wurde bereits (Seite 76) nachgewiesen, in welchem Verhältnisse. die Ingots zur Länge der zu erwalzenden Schiene stehen müssen. Ferner dass nur ein Trio-Walzwerk, wo jede Passage ausgenützt und der Process auf die minimale Dauer beschränkt werden kann, die Erwalzung in einer Hitze ermöglicht. Die Abfälle an verkürzten Schienen werden zwar gegenüber der bis jetzt üblichen Länge von 7·0 m im Procentsatze nach Stücken sich erhöhen (siehe Seite 103) nominell aber nach dem Gewichtsverhältnisse sich günstiger gestalten.

Auch gebieten die Ajustirungsarbeiten mehr Vorsicht mit der Zunahme der Länge, hierfür erwächst aber der Vortheil, dass die Ajustirung sich qualitativ verringert.

Während zum Beispiele bei einer 7·0 m langen Schiene von 33 Kg pro Currentmeter die Ajustirung als Schneiden, Fraisen, Lochen auf 231 Kg des Fabrikates sich erstreckt, erstrecken sich die gleichen Arbeiten bei 9·0 m langen Schienen von gleichem Gewichte pro Currentmeter auf 297 Kg des Fabrikates, sonach um 28 Procent quantitativ günstiger.

Zu *b)* Die Schwierigkeit des Transportes, welche darin besteht, dass zum Verladen von 9·0 m langen Schienen zwei Plateauwagen verwendet werden müssen, die hierdurch einen zu langen Achsenstand bilden und schärfere Radien nicht leicht durchfahren, wird dadurch beseitigt, wenn man Plateauwagen von gewöhnlicher Länge an dem einen Ende mit einem Bock von 0·7 m Höhe versieht und über diesen die Schienen in geneigter Lage verladet, während das andere Ende der Schienen gegen eine an der entgegengesetzten Stirnseite des Wagens angebrachte Querschwelle sich stützt. Bei einer derartigen schuppenartigen Verladung ragen die überhöhten Schienenenden des einen Wagens über die Schienenenden des anderen, ohne

die Bewegung der Wagen beim Durchfahren der Bögen zu be-
einträchtigen. Durch eine solche Disposition kann auch das
Ladungsgewicht der Wagen vollständig, wie bei kurzen Schienen
ausgenützt werden.

Das Auf- und Abladen verlangt wohl mehr Vorsicht und
im Verhältniss des Gewichtes eine kleine Vermehrung an
Arbeitskraft, bietet aber keine Veranlassung zur Herbeiführung
einer Schädigung*).

Zu c) Bekanntlich ist das erschwerende Moment beim
Legen des Oberbaues mit Querschwellen das genaue Zusammen-
passen der Schienenstösse, da durch unrichtiges Befestigen
derselben (Nageln und Verlaschen) leicht Kreuzstösse sich bilden,
deren schädlicher Einfluss auf Schienen und Betriebsmittel sich
erstreckt, es wird somit die Legung um so exacter sich bewerkstelligen lassen, je weniger Stösse vorhanden sind. Durch Verwendung der 9·0 m langen Schienen ergibt sich eine Stoss-
abnahme von 32 pro Mille oder 32 Stösse weniger pro Kilometer Geleisestrang und 64 pro Kilometer Geleise. Da ferner
durch die Abnahme der Stösse auch die Kosten der Legung
sich verringern, beziehungsweise zur Legung weniger Zeit beansprucht wird, so wird auch nach dieser Richtung durch die
längere Schiene ein Vortheil erzielt. Dieser letztere Vortheil
wird theilweise absorbirt durch das vermehrte Gewicht der
Schiene und der hierdurch vermehrten Arbeitskraft beim Ver-
legen derselben.

Ein Umstand, der bei der Verwendung langer Schienen
schwer in die Wagschale fällt, ist die Dilatation derselben und
bildet dieser den Massstab, um die Grenze der Längen zu
bemessen.

Zu d) So lange jede einzelne Schiene acuten Zerstörungen,
die nicht im Verhältniss ihrer Beanspruchung, sondern lediglich
nach den latenten Gebrechen der Fabrikation zum Vorschein
kamen, ausgesetzt war, wie dieses bei den paketirten Eisenschienen der Fall war, war es berechtigt, die Länge der Schiene

---

*) Nahe an 12.000 Tonnen 9·0 m lange Schienen wurden aus dem
Werke Resicza unter den schwierigsten Verhältnissen auf Gebirgswegen,
sodann auf Plateauwagen zum Verwendungsorte transportirt, ohne die geringste Beschädigung derselben wahrgenommen zu haben.

zu reduciren, um beim Auftreten solcher an einzelnen Stellen sich zeigenden Schäden nicht gleich grössere noch verwendbare Partien aus der Bahn entfernen zu müssen. Die Stahlschienen, bei denen jedoch das zerstörende Element sich gleichmässig nach ihrer ganzen Länge fühlbar macht, lassen diese Bedenken als illusorisch erscheinen und können dieselben auf ihre Längen nicht influiren.

Bedingt nun einmal die vorgeschrittene Zerstörung der Schienen ein Auswechseln derselben. so geschieht dieses auf längere Strecken, wo wieder die grössere Länge nur von Nutzen sein kann.

Zu e) Möge was immer für ein Oberbausystem zur Anwendung kommen, so werden die Stösse der Fahrschienen die wunden Stellen bilden, welche die Betriebsmittel mehr oder weniger schädlich beeinflussen. Bei dem Querschwellen-Oberbau ist aber die nachtheilige Wirkung der Stösse auf die Betriebs-mittel von besonderer Vehemenz und ist eine Verringerung derselben nicht hoch genug im Interesse der Erhaltung der Bandagen, der Radachsen etc. anzuschlagen.

Ja, man kann es mit Bestimmtheit hinsetzen, dass die Erhaltung der Bandagen in nahezu gleichem Verhältniss zu der Abnahme der Stösse sich befinden wird.

Zu f) Dieselben Vortheile, welche die verringerten Stösse bei der Neulegung erleben, werden sich auch bei der Aus-wechselung der schadhaften Strecken fühlbar machen. Nun ist aber ein schnelles Auswechseln einer im Betriebe stehenden Linie von nicht zu unterschätzendem Werthe und wird somit auch hiedurch die vermehrte Länge der Schiene gerechtfertigt erscheinen.

Zu g) Die effective Ersparniss an Schwellen und Klein-material ist aus nachstehender Beilage VII ersichtlich, in welcher der factische Bedarf an 7·0, 8·0 und 9·0 m. an Eisen und Holz und die hiefür entfallenden Kosten dargestellt erscheinen.

Nachstehend folgen Muster von Lieferungsbedingnissen über Schienen und Kleinmaterial, deren Bestimmungen dem früher Gesagten entsprechen und welche auch mit den Normen über Festigkeit, die im deutschen Eisenbahnverein aufgestellt wurden, übereinstimmen.

Vergleichende Zusammenstellung

der Kosten des Oberbaues bei Anwendung von 7·0 m, 8·0 m und 9·0 m langen Schienen.

Siehe Tafel IX, Fig. 64.

elohnung	Schienen Stück	Schienen Gew. einzeln (K)	Schienen Gew. zusammen (K)	Schienen Preis einzeln (F)	Schienen Preis zusammen (F)	Unterl.-Pl. Stück	U.-Pl. Gew. einzeln (K)	U.-Pl. Gew. zusammen (K)	U.-Pl. Preis einzeln (F)	U.-Pl. Preis zusammen (F)	Nägel Stück	Nägel Gew. einzeln (K)	Nägel Gew. zusammen (K)	Nägel Preis einzeln (F)	Nägel Preis zusammen (F)	Einf. Lappen Stück	E.L. Gew. einzeln (K)	E.L. Gew. zusammen (K)	E.L. Preis einzeln (F)	E.L. Preis zusammen (F)	Winkel-Lappen Stück	W.L. Gew. einzeln (K)	W.L. Gew. zusammen (K)	W.L. Preis einzeln (F)	W.L. Preis zusammen (F)	Bolzen Stück	Bolzen Gew. einzeln (K)	Bolzen Gew. zusammen (K)	Bolzen Preis einzeln (F)	Bolzen Preis zusammen (F)	Schwellen Stück	Schw. Preis einzeln (F)	Schw. Preis zusammen (F)	Legen Preis per Kilometer (F)
en à 7·0 m lang	285·7	231	66000	0·16	10560	572	2·5	1430	0·18	257	5148	0·35	1802	0·27	487	286	6·5	1859	0·17	316	286	9·30	2660	0·18	479	1144	0·4	458	0·31	142	1144	1·5	1716	800
à 8·0 » »	250	264	66000	0·16	10560	500	2·5	1250	0·18	225	5000	0·35	1750	0·27	473	250	6·5	1625	0·17	276	250	9·30	2325	0·18	419	1000	0·4	400	0·31	124	1125	1·5	1689	700
ns zwischen An-ung von 7·0 m und langen Schienen	—	—	—	—	0	72		180		32	148		52		14	36		234		40	36		335		60	144		58		18	19		28	100
en à 9·0 m lang	222·2	297	66000	0·16	10560	445	2·5	1112	0·18	200	4889	0·35	1711	0·27	462	223	6·5	1450	0·17	247	223	9·3	2074	0·18	373	892	0·4	357	0·31	111	1111	1·5	1687	624
ns zwischen An-ung der 7·0 m und langen Schienen	—	—	—	—	0	127		318		57	259		91		25	63		409		69	63		586		106	252		101		81	33		4	176

Es kommt somit der Oberbau mit 8·0 m langen Schienen pro Kilometer billiger um fl. 292.—

Es kommt somit der Oberbau mit 9·0 m langen Schienen per Kilometer billiger um fl. 513.—

Auf 100 Stösse bei Verwendung von 7·0 m langen Schienen kommen 87 Stösse, bei 8·0 m langen und 71 bei 9·0 m langen Schienen. somit bei letzteren Dimensionen 13 resp. 29 Procent weniger als bei ersteren.

Bedingnisse für die Lieferung von Schienen aus Flussstahl für Hauptbahnen.

§ 1. Gegenstand der gegenwärtigen Bedingnisse.

Gegenwärtige Bedingnisse betreffen die Lieferung von Eisenbahnschienen aus Flussstahl mit schwammförmigem Kopfe und breitem Fusse nach der Form, welche den Namen »Vignol-Schiene« trägt.

§ 2. Profil der Schienen.

Das Werk erhält bei Abschluss des Vertrages eine vollständig cotirte Zeichnung der Schienen, sowie eine Voll- und Hohl-Schablone des Schienenprofils, mit welchen die Schienen genau übereinstimmend angefertigt werden müssen.

An dem Winkel der Laschenflächen, sowie an der Lauffläche der Schienen wird gar keine Abweichung gestattet; in der Höhe der Schiene, in der Stegdicke wird höchstens ein halber Millimeter (0·0005 m) auf oder ab und ein Millimeter (0·001 m) in der Fussbreite zugestanden, um nämlich der unvermeidlichen Abnützung der Walzenkaliber Rechnung zu tragen.

Das hiedurch bestimmte Querprofil muss der ganzen Länge der Schiene nach genau beibehalten werden, und dies besonders an den Enden, welche beim Abschneiden und Fraisen auf keine Art verdrückt oder sonst beschädigt werden dürfen.

Die regelmässige Fabrikation darf erst dann beginnen, wenn die Walzen nach einer vorgenommenen Probewalzung von wenigstens zwanzig Stück Schienen ganz befriedigend befunden worden sind.

Schienen, welche nicht genau der Form der Schablonen entsprechen, werden nicht angenommen.

Die Verwaltung behält sich das Recht vor, das Profil der bestellten Schienen abändern zu dürfen; in diesem Falle würde sie dem Werke die aus dieser Abänderung speciell entspringenden Kosten, welche entweder durch gegenseitige Vereinbarung oder nach dem Ausspruche von Experten festgesetzt wurden, vergüten.

§ 3. Länge der Schienen.

Die Normallänge der Schienen ist neun Meter (9·0 m.) Für einen durch die Verwaltung festzusetzenden Theil der Lieferung müssen die Schienen auf die Länge von acht Meter und neunzig drei Centimeter (8·93 m) geschnitten sein. Um die Fabrikation zu erleichtern, dürfen von der Gesammtzahl der Schienen drei Procent die Länge von acht Meter (8·0 m) und zwei Procent die Länge von sieben Meter (7·0 m) haben, jedoch wird ausdrücklich bedungen, dass diese kürzeren Schienen nur von neun Meter (9·0 m) langen

Schienen, deren Enden wegen ihrer Schäden abgeschnitten werden müssen, erzeugt werden dürfen.

Eine Ausnahme hievon wird nur dann gestattet, wenn solche kürzere Schienen speciell bestellt wurden, in welchem Falle jedoch die bestellte Anzahl solcher Schienen nicht überschritten werden darf.

Die Verwaltung hat das Recht, vor dem Werke eine, ein Procent (1%) der Gesammtmenge nicht überschreitende Anzahl Schienen von aussergewöhnlichen Längen, deren grösste aber zehn Meter (10·0 m) nicht überschreiten darf, zu verlangen.

Jede auf Bestellung länger als neun Meter (9·0 m) angefertigte Schiene wird um vier Procent (4%) theurer bezahlt.

Die Verwaltung behält sich gleichfalls das Recht vor, ein zehn Procent (10%) der Lieferung nicht überschreitendes Quantum Schienen unter neun Meter (9·0 m) von verschiedenen Längen zu bestellen, ohne deshalb gehalten zu sein, hiefür einen grösseren Preis zahlen zu müssen, als für die Schienen von gewöhnlicher Länge.

Die Toleranz für die angegebenen Längen der Schienen darf bei neun Meter (9·0 m) langen Schienen drei Millimeter (0·003 m) und bei sieben Meter (7·0 m) langen Schienen zwei Millimeter (0·002 m) über und unter der Normallänge betragen.

§ 4. Werkzeichen.

An jeder Schiene ist das Firmazeichen des Werkes, die Jahreszahl und der Monat der Fabrikation unter Beifügung der Buchstaben *F. S. St. III.* an einer Seite des Steges deutlich aufzuwalzen.

Das Fabrikszeichen ist der Verwaltung zu Genehmigung vorzulegen.

Die Schienen von 8·93 m Länge sind, um sie von den 9·0 m langen Schienen unterscheiden zu können, an ihren Stirnflächen mit rother Oelfarbe anzustreichen und erhalten überdies an jeder Längenseite ein grosses *K* von weisser Oelfarbe, nachdem das Eisen an der betreffenden Stelle von etwaigem Rost gereinigt wurde.

§ 5. Erzeugung der Schienen.

Die Erzeugung der Schienen hat aus Ingots zu erfolgen, welche am dünnen Ende mindestens einen Querschnitt von 0·040 m² besitzen. Das Gewicht eines Ingots muss so gross sein, dass von der fertig gewalzten Schiene sich jederzeit mindestens 0·3 m als Abfall (Schopf) ergibt. Die Calibrirung muss eine derartige sein, dass die Walzstücke in den aufeinander folgenden Profilen keinen übermässigen Druck erfahren. Die Vollendungs-Kaliber müssen auf allen Theilen einen gleichmässigen Druck erhalten, damit das Walzstück gerade aus dem Kaliber kommt. Die gewalzten Schienen müssen langsam und gleichmässig abkühlen und daher in einem gedeckten Raume in Haufen aufgeschlichtet werden.

§ 6. Bearbeitung der Schienen.

Die Schienen müssen noch im rothwarmen Zustande mit Holzhämmern vollkommen gerade gerichtet werden, so zwar, dass sie, auf eine ebene Unterlage gelegt, dieselbe in jeder Lage ihrer ganzen Länge nach berühren.

Das Geraderichten im kalten Zustande muss mittelst Schraubenpressen oder durch ruhigen Druck geschehen. Eine nach der Längenachse spiralförmig verbogene Schiene ist unbedingt aus der Lieferung auszuscheiden.

Die Gräte an den Kanten sind sorgfältig mit der Feile oder mit dem Meissel zu entfernen. Die Schnitte müssen genau rechtwinkelig zur Längenachse der Schiene stehen, sie dürfen in keinem Falle durch Hämmern geebnet werden. Alle Flächen müssen eben und glatt sein. Es wird ausdrücklich verboten, irgend einen Theil der Schienen nach dem Auswalzen zu erhitzen, sei es, um die Enden abzuschneiden, sei es aus irgend einem anderen Grunde.

Keine Reparatur von Sintern, Sprüngen etc. wird geduldet, möge sie im kalten oder im warmen Zustande geschehen. Die Kupplungslöcher sind zu bohren und von Gräten und scharfen Kanten durch Feilen zu befreien.

In den Dimensionen und der Stellung der Kupplungslöcher ist gar keine Abweichung von den Normalmassen zulässig.

Die scharfen Kanten der Lauffläche am Querschnitt der beiden Schnittflächen sind zwei Millimeter (0·002 m) breit und vier Millimeter (0·004 m) tief zu brechen.

§ 7. Proben.

Beim Gusse einer jeden Stahl-Charge, welche zu dem Zwecke erzeugt wurde, um daraus die von der Verwaltung bestellten Schienen zu walzen, muss ein kleiner Probe-Ingot mitgegossen werden. Derselbe wird in nachfolgender Weise zur Erprobung der Qualität des Stahles verwendet.

I. Versuch. Stahlprobe.

Der Probe-Ingot wird in einem Schmiedefeuer erhitzt und unter einem Hammer theilweise zu einem quadratischen Stäbchen von etwa 13 mm Seitenlänge ausgeschmiedet. Noch rothwarm wird das Stäbchen durch Eintauchen in Wasser gehärtet. Der gehärtete Stab wird über einen Amboss durch leichte Hammerschläge gebogen und endlich gebrochen. Der Stab darf, wenn er aus einem für die Schienenerzeugung tauglichen Materiale hergestellt wurde, vor dem Bruche nicht zu wenig noch auch zu viel abgebogen werden. Fig. 70.

Nimmt der Stab keine oder nur eine sehr geringe Biegung an, so ist dies ein Zeichen einer zu grossen Härte des Materiales. Lässt sich hingegen der Stab sehr stark oder ganz um 180° abbiegen, ohne zu brechen, so ist dies ein Zeichen, dass das Material, aus welchem es besteht, keine oder nur eine unbedeutende Härtbarkeit besitzt, in Folge dessen kein Flussstahl, sondern Flusseisen und zur Schienenfabrikation ebensowenig geeignet ist, wie der zu harte Stahl.

Das zur Schienenfabrikation als geeignet befundene Material muss, dieser Probe unterzogen, wenigstens eine Abbiegung von 30° und im Maximum eine solche von 120° annehmen. Jede Stahl-Charge, deren Probe-Ingot dieser Bedingung nicht entspricht, muss von der weiteren Verarbeitung zu Schienen durch das mit der Uebernahme der Schienen betraute Organ der Verwaltung ausgeschieden werden.

Fig. 70.

Die aus der Fabrikation hervorgehenden Schienen müssen im Eisenwerke sorgfältig in Classen abgetheilt werden, deren jede die Fabrikation eines oder mehrerer Tage enthält.

Der Uebernahms-Commissär der Verwaltung wählt aus jeder dieser Classen oder Abtheilungen von je 200 Stücken (Zweihundert Stücken) Ein Stück (1 Stück) aus, um dieselbe den vorgeschriebenen Proben zu unterwerfen. Jede dieser Probeschienen wird in 3 Stücke getheilt, und es werden mit diesem Probestücke nachfolgende Versuche durchgeführt.

II. Versuch. Biegprobe.

Das erste Schienenstück wird mit dem Fusse auf zwei, Einen Meter (1·00 m) von einander entfernte, schneidenförmige und unnachgiebige Unterlagen gelegt. Dasselbe muss in dieser Lage einem in der Mitte des Zwischenraumes der beiden Stützen wirkenden Druck von 13.000 Kg durch fünf Minuten Widerstand leisten, ohne eine bleibende Einbiegung nach Entfernung dieser Druckwirkung zu behalten. Dieser Druck entspricht einer Inanspruchnahme von 2425 Kg pro 1 cm² und ergibt sich aus nachstehender Formel:

$$P = 97 \frac{T}{e} \text{ Kg.}$$

In dieser Formel bedeutet T das Trägheitsmoment des Schienenquerschnittes auf die Schwerpunktsache bezogen (in diesem Falle für Schienen des Systems III $T = 863$) und e die Entfernung des Schwerpunktes von der am meisten beanspruchten Faser (in diesem Falle $e = 6·4$ cm).

III. Versuch. Belastungsprobe.

Dasselbe Schienenstück, mit welchem der zweite Versuch vorgenommen wurde, muss während fünf Minuten in derselben Lage eine ·Last von 27.500 Kg tragen, ohne zu brechen. Diese Belastung entspricht einer Inanspruchnahme von 5100 Kg pro 1 cm² und berechnet sich aus der Formel

$$P_1 = 204 \,\frac{T}{e}\, \text{Kg},$$

in welcher T und e dieselben Werthe wie oben haben.

Die Belastung der Schiene wird nach fünf Minuten vergrössert und so lange fortgesetzt, bis endlich der Bruch oder eine vollständige Deformation, welche eine Fortsetzung der Belastung unmöglich macht, eintritt.

IV. Versuch, Schlagproben.

Ein zweites Probestück muss, wenn es mit dem Fusse auf zwei, Einen Meter (1·00 m) von einander entfernte Unterlagen oder Stützen gelegt wird, den Schlag eines dreihundert Kilogramm (300 Kg) schweren Rammblockes, welcher von nachfolgend berechneten Höhen auf die Mitte des Zwischenraumes der Unterlagen herunterfällt, aushalten, ohne zu brechen. Diese Fallhöhen H sind nach der herrschenden Lufttemperatur zu berechnen, und zwar ·

$$\text{Unter} \quad 0^\circ\ C,\ H = {}^1\!/_8 \,\frac{T}{e^2} = 2\!\cdot\!63\ \text{m} = 2\!\cdot\!6\ \text{m}$$

$$\text{Bis} + 20^\circ\ C,\ H = {}^1\!/_6 \,\frac{T}{e}\, = 3\!\cdot\!51\ \text{m} = 3\!\cdot\!5\ \text{m}$$

$$\text{Ueber} + 20\ C,\ H = {}^1\!/_4 \,\frac{T}{e^2} - 5\!\cdot\!27\ \text{m} = 5\!\cdot\!3\ \text{m}$$

T und e haben dieselbe Bedeutung wie oben.

Für diese Proben müssen die Unterlagsstützen von Gusseisen sein, und auf einem Gusseisenblock von mindestens zehn Tonnen (10.000 Kg) Gewicht stehen, welcher wieder auf einem Mauerwerke von 1 m Höhe und 3 m² Grundfläche aufruht.

V. Versuch. Zerreissproben.

Aus dem 3. Stücke der Probeschiene werden die Stäbe für die Zerreissproben angefertigt. Das Probestück wird zu diesem Behufe auf einer Hobelmaschine in Kopf, Fuss und Steg zertheilt. Aus dem Kopfe wird ein runder Probestab nach nebenstehender Skizze Nr. 71, aus dem Stege und Fusse wird je ein flacher Probestab nach Skizze Nr. 72 angefertigt. Diese 3 Probestäbe müssen nun auf einer gut construirten Zerreissmaschine auf ihre absolute Festigkeit und Contraction geprüft werden. Der Vorgang bei dieser Operation muss ein derartiger sein, dass das Zerreissen allmälig und stetig und nicht stossweise geschieht.

Die geringste zulässige absolute Festigkeit dieser Probestäbe muss wenigstens 50 Kg pro 1 mm², die geringste zulässige Contraction muss aber mindestens 25 Procent des ursprünglichen Querschnittes betragen.

Wenn die Probeschiene, welche einer Partie von zweihundert (200) Schienen entnommen wurde, einer der vier vorgeschriebenen Schienenproben nicht widerstehen sollte, so sind die vier Versuche auf eine grössere Anzahl dieser 200 Schienen auszudehnen. Wenn mehr als ein Zehntel ($^1/_{10}$) der neu untersuchten Schienen den Anforderungen der Bieg-, Belastungs- und Schlagprobe nicht Genüge leisten, so wird das ganze Quantum von 200 Schienen von der Uebernahme zurückgewiesen. Wenn aber diese neu untersuchten Schienen der Bieg-, Belastungs- und Schlagprobe widerstehen sollten, hingegen mehr als ein Zehntel ($^1/_{10}$) derselben den Anforderungen der Zerreissprobe nicht Genüge leisten, so behält sich die Verwaltung das Recht vor, über Annahme oder Nichtannahme der 200 Schienen nach ihrem Ermessen zu entscheiden. Die probirten Schienen bleiben selbstverständlich Eigenthum des Werkes und werden in die Lieferung nicht eingerechnet.

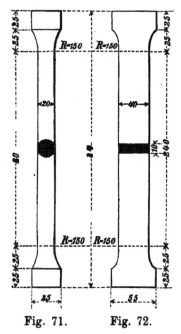

Fig. 71.   Fig. 72.

§ 8. Provisorische Uebernahme.

Die provisorische Uebernahme geschieht auf dem Eisenwerke durch einen oder mehrere Beamte der Verwaltung. Sie findet nach Massgabe der Fabrikation statt und hat zum Zwecke, die Schienen nach ihrer Beschaffenheit zu untersuchen. Die nach Vollzug der Proben den Vertragsbedingungen entsprechend befundenen Schienen werden an beiden Enden mit der Marke der Verwaltung gestempelt und damit provisorisch übernommen.

Die Schienen müssen bis zum Augenblicke der Uebernahme an einem trockenen Orte aufbewahrt und so viel als möglich vor dem Roste geschützt sein.

Die zurückgewiesenen Schienen müssen mit einem leicht sichtbaren, unzerstörlichen Zeichen versehen werden, damit sie nicht mehr zur Uebernahme kommen können.

Das Eisenwerk muss auf seine Kosten und nach den Anleitungen, die es nöthigenfalls von der Verwaltung erhält, die zur Uebernahme und zu den vorgeschriebenen Qualitäts- und Biegungsproben nöthigen

Vorrichtungen herstellen. Es hat auch die Arbeitslöhne für die Uebernahme und die Proben zu bezahlen, sowie die zu letzteren erforderlichen Schienen unentgeltlich zu überlassen.

Je nach Massgabe der Fabrikation, womöglich jeden Tag, werden Uebernahmen gepflogen, die am Ende jeder Woche geregelt werden müssen.

§ 9. Ausmass und Berechnung.

Das Normalgewicht der Schienen wird durch den Agenten der Verwaltung im Beisein des Hüttenbeamten aus dem Gewichte von 50 Stück vollständig tadellosen und genau masshaltigen Schienen erhoben und protokollarisch festgesetzt.

Nach Uebernahme von je einer Partie Schienen, die Erzeugung einer Arbeitsschichte begreifend, wird durch Stichproben, und zwar von 2—5 Schienen von Hundert erhoben, ob das Normalgewicht eingehalten ist.

So lange das durch diese Stichproben sich ergebende Effectivgewicht nicht mehr als ein Procent (1%) von dem aus dem Normalgewicht sich berechnenden Gesammtgewichte abweicht, wird das Effectivgewicht bezahlt. Ein Mehrgewicht über ein Procent (1%) wird nicht bezahlt.

Ergibt sich ein Mindergewicht von mehr als ein Procent (1%) des Normalgewichtes, so steht der Verwaltung das Recht zu, die ganze Partie zu verwerfen; nimmt sie jedoch die Lieferung an, so wird jedenfalls nur das Effectivgewicht bezahlt.

Das nach diesem Vorgange erhobene Gesammtgewicht wird der Berechnung zu Grunde gelegt.

§ 10. Transport.

Die auf dem Eisenwerk übernommenen Schienen sind sogleich durch dasselbe auf seine Kosten und Gefahr an den im Vertrage bestimmten Ablieferungsort zu versenden.

§ 11. Dauer der Garantie.

Das Werk garantirt für die Schienen während drei Jahren, von der mittleren Zeit der Lieferung an gerechnet.

Alle Schienen, die während dieser Zeit schadhaft werden, oder eine, wenn auch gleichmässige grössere Abnützung zeigen, die nicht im Verhältniss der Inanspruchnahme der Schienen steht, müssen auf das Verlangen der Verwaltung, und zwar in einem hierüber von ihr festgesetzten Termin von längstens drei Monaten auf Kosten des Werkes ersetzt oder ihm abgerechnet werden, wenn der Schaden von nicht entsprechender Qualität des Stahles oder von mangelhafter Bearbeitung desselben herrührt.

Die beschädigten Schienen werden jedenfalls zur Disposition des Werkes gestellt, in derjenigen Station der Verwaltung, wohin dieselben seinerzeit geliefert wurden.

Die Ersatzschienen müssen von dem Werke in dieselbe Station geliefert werden, und zwar ohne Ausprägung der Jahreszahl.

Diejenigen Schienen, für welche Ersatz zu verlangen die Verwaltung nicht für gut halten sollte, werden einfach mit dem Vertragspreise von der Rechnung des Werkes abgezogen.

§ 12. Definitive Uebernahme.

Die Verantwortlichkeit des Werkes hört erst nach der definitiven Uebernahme auf. Dieser geht nach Ablauf der Garantiefrist eine contradictorische Untersuchung voran, und zwar auf Ansuchen und in Anwesenheit oder Abwesenheit des formell dazu eingeladenen Werkvertreters.

Wenn drei Monate nach dem gehörig bezeugten Ansuchen des Werkvertreters die contradictorische Untersuchung nicht gemacht worden ist, so ist die definitive Uebernahme für das Werk als erklärt zu betrachten, mit Ausnahme derjenigen Stücke, für welche formelle Reclamationen an ihn gerichtet worden sind.

§ 13. Aufsicht im Eisenwerk.

Das Werk hat den Beamten der Verwaltung freien Eintritt in seine Werkstätte zu gestatten. Diese Beamten dürfen über die ganze Zeit der Fabrikation in der Werkstätte bleiben, daselbst Tag und Nacht Aufsicht ausüben und diejenigen Versuche vornehmen, welche nöthig sind, um zu erkennen, ob alle gegenwärtigen Bedingnisse in Hinsicht auf die gute Qualität und Widerstandsfähigkeit des Materiales und auf die gute Fabrikation der Schienen genau erfüllt werden. Es steht ihnen das Recht zu, auf die Abstellung aller Vorgänge bei der Fabrikation zu dringen, welche den Bedingnissen nicht entsprechen.

Es versteht sich, dass die Bemerkungen, welche die Beamten zu machen haben, an den Director des Eisenwerkes und nicht an Arbeiter zu richten sind.

§ 14. Verantwortlichkeit des Unternehmers.

Die von dem Beamten der Verwaltung im Werke ausgeübte Aufsicht, die Untersuchungen und Proben, die partienweise Uebernahme fertiger Schienen haben in keinem Falle eine Verminderung der Verantwortlichkeit des Werkes zur Folge; diese bleibt bis nach vollständiger Erfüllung der im § 11 festgestellten Bedingungen aufrecht.

§ 15. Abweichung von den Bedingnissen.

Keine Abweichung von gegenwärtigen Bedingnissen wird zugegeben, ausser dieselbe ist befohlen oder erlaubt durch einen schriftlichen Erlass der Verwaltung.

Bedingnisse für die Lieferung von Schienen-Befestigungsmaterialien für Haupt- und Secundärbahnen.

§ 1. Gegenstand dieser Bedingnisse.

Diese Bedingnisse enthalten die Anforderung, welche die Verwaltung an den Lieferanten und das gelieferte Kleinmaterial stellt, demnach die Verpflichtungen, welche der Lieferant von Schienen-Befestigungsmaterialien, als Laschen, Unterlagsplatten, Tirefonds, Hakennägeln und Kupplungsbolzen eingeht.

§ 2. Normal-Zeichnungen und Schablonen.

Der Lieferant erhält bei Abschluss des Vertrages vollständig cotirte Zeichnungen dieser Kleinmaterialien. Nach diesen Zeichnungen hat derselbe die für die Fabrikation nothwendigen Werkzeuge und Schablonen anfertigen zu lassen.

Für die Querprofile der Laschen und Unterlagsplatten hat der Lieferant Schablonen in je zwei Exemplaren anfertigen zu lassen und dieselben noch vor Beginn der Walzung der Verwaltung zur Genehmigung vorzulegen. Im Genehmigungsfalle erhält der Lieferant je eine dieser Schablonen zurück und kann mit der Walzung beginnen, während das zweite Exemplar behufs Controle bei der Verwaltung deponirt bleibt.

§ 3. Wahl des Materiales und Erprobung desselben.

Diese Oberbau-Materialien sollen aus Schmied- oder Schweisseisen angefertigt werden. Diese Bestimmung soll jedoch die Anwendung von Materialien, welche eine bessere Eignung für diese Zwecke besitzen, nicht ausschliessen.

Es bleibt somit dem Lieferanten unbenommen, derartige Vorschläge der Genehmigung der Direction zu unterbreiten, welche sich aber für alle Fälle das Recht vorbehält, wenn ihr diese Vorschläge nicht annehmbar erscheinen sollten, auf der Verwendung von Schmied- oder Schweisseisen zu beharren.

Mit Bezug auf die Qualität des Materiales, welches zur Fabrikation dieser Oberbau-Bestandtheile verwendet werden soll, werden dieselben in zwei Gruppen getrennt, und zwar:

a) Laschen und Unterlagsplatten,
b) Hakennägel, Tirefonds und Bolzen.

Für die Laschen und Platten soll das Material durch Packetirung von guten Abfällen und Alteisen hergestellt werden. Trotzdem muss aber das Bruchansehen ein gleichartiges und sehniges und die Schweissung vollständig gut durchgeführt sein. Dieses Material muss in der Walzrichtung mindestens eine absolute Festigkeit von 33 Kg per 1mm² und eine Contraction von wenigstens 15 Procent des ursprünglichen Querschnittes besitzen.

Das Material für die Tirefonds, Hakennägel und Bolzen darf hingegen nicht durch Packetirung von Alteisen oder Abfällen hergestellt werden, sondern es muss direct aus Puddel-Rohschienen, womöglich unter Vermeidung jeder Packetirung, erzeugt werden. Der Bruch dieses Materiales muss gleichartig und zwar sehnig sein, und dasselbe muss eine absolute Festigkeit von wenigstens 38 Kg per 1 mm² und eine Contraction von mindestens 40 Procent des ursprünglichen Querschnittes besitzen.

Diese Oberbau-Bestandtheile sind mit Rücksicht ihrer Beanspruchung bei der Uebernahme nachfolgenden Proben zu unterwerfen:

L a s c h e n. Die flache Lasche muss eine Durchbiegung von 90°, die Winkellasche eine solche von 45° aushalten, ohne anzureissen oder zu brechen. Die Biegung hat bei der flachen Lasche nach Breitseite, bei der Winkellasche in der Art zu erfolgen, dass der horizontale oder Absteifungsschenkel auf Zug beansprucht wird.

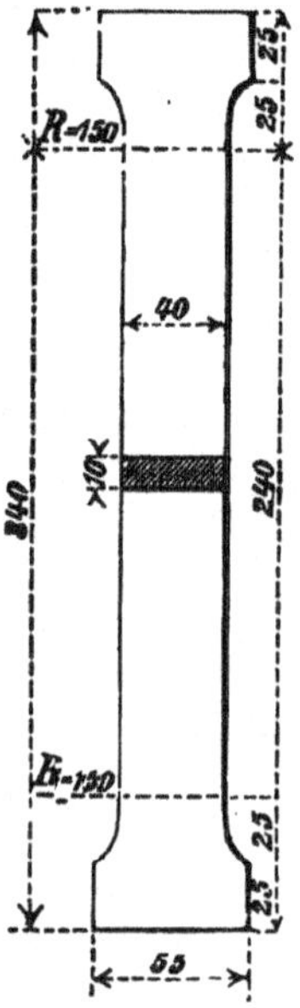

Die Biegung wird nun weiter fortgesetzt und selbst bei der grösstmöglichsten Zusammenbiegung darf wohl ein Anreissen, aber kein Bruch, d. h. eine vollständige Trennung in zwei oder mehrere Theile erfolgen.

Wenn ferner die Probelaschen längs des Umfanges eines Querschnittes vermittelst eines scharfen Werkzeuges eingehauen und bis zu den oben angegebenen Grenzen gebogen werden, so darf ebenfalls kein Bruch, sondern nur ein Anreissen der Laschen in diesem Querschnitte erfolgen.

Fig. 73.

Behufs Durchführung dieser Proben sind die Laschen in Partien von je 200 Stück zu theilen. Aus jeder dieser Partien wählt der Uebernahmsbeamte ein Stück aus, um dieselbe diesen Biegproben zu unterwerfen.

Um zu untersuchen, ob das Laschenmaterial den oben fixirten Bedingungen bezüglich der Festigkeit und Contraction genügt, wird von je 1000 Stück noch ungelochten Laschen ein Stück ausgewählt, aus welchem ein Stab nach nebenstehender Skizze Nr. 73 auf kaltem Wege angefertigt und bezüglich dieser Eigenschaft auf einer Zerreissmaschine geprüft wird.

U n t e r l a g s p l a t t e n. Auch die Unterlagsplatten müssen eine Durchbiegung von 90° sowohl senkrecht als auch parallel zu der Walzrichtung zulassen, ohne anzureissen oder zu brechen. Bei weiterer Durchbiegung über obige Grenze hinaus darf ebenfalls kein Bruch, sondern nur ein Anreissen erfolgen.

Werden die Unterlagsplatten mittelst eines scharfen Werkzeuges angehauen, so müssen sich dieselben ebenfalls bis 45° biegen lassen, ohne zu brechen.

Diese Biegproben sind derart durchzuführen, dass von je einer Partie von 200 Stücken eine Platte untersucht wird.

Die Prüfung des Materials bezüglich seiner Festigkeit und Contraction hat durch Zerreissproben zu geschehen. Zu diesem Zwecke sind aus den Walzstäben, aus denen die Unterlagsplatten erzeugt werden sollen, Probestäbe nach Skizze Nr. 73 auf kaltem Wege anzufertigen, nur mit dem, durch die Dicke der Platten bedingten Unterschiede, dass der Probestab nicht 10 mm, sondern 7½ mm dick herzustellen ist. Die Resultate dieser Probe müssen den in dieser Hinsicht für Laschen und Unterlagsplatten normirten Bedingungen entsprechen.

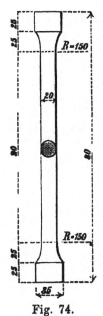

Fig. 74.

Auch bei den Unterlagsplatten sind die Zerreissproben in solcher Anzahl auszuführen, dass auf je 1000 Stück gelieferte Unterlagsplatten eine solche Probe entfällt.

Tirefonds und Kupplungsbolzen. Entsprechend der Art ihrer Beanspruchung im Geleise sind dieselben nur auf absolute Festigkeit und Contraction zu prüfen.

Zu diesem Zwecke wird von je 500 Stück gelieferten Tirefonds oder Bolzen ein Stück (1 Stück) in eine Zerreissmaschine eingespannt und erprobt. Der Bolzen wird an einem Ende mit der Mutter, am anderen mit dem Kopfe eingespannt, der Tirefond auf einer Seite mit dem Kopfe, auf der anderen Seite durch entsprechend geformte Beilagen, welche die Gewinde eingearbeitet enthalten. Das Zerreissen muss in einem Querschnitte des eigentlichen Bolzens erfolgen, es dürfen somit weder die Gewinde noch die Muttern oder Köpfe abgescheert werden.

Da die Bestimmung der Querschnittsfläche, der Gewinde wegen, gewissen Schwierigkeiten nnd Ungenauigkeiten unterliegen dürfte, so müssen aus dem für die Tirefonds bestimmten Material (Rundeisen) zur Controle noch Versuchsstäbe nach nebenstehender Skizze Nr. 74 angefertigt und erprobt werden. Die zum Einspannen des Stabes nothwendigen Köpfe sind durch Stauchen und Schmieden herzustellen. Der eigentliche Schaft des Stabes hat aber vollkommen unbearbeitet zu bleiben.

Die Resultate, welche diese Proben zu ergeben haben, sind im § 3 bereits fixirt. Die letztangeführten Versuche sind in der Anzahl auszuführen, dass auf 10.000 Stück gelieferte Bolzen oder Tirefonds ein solcher Versuch entfällt.

Hakennägel. Dieselben müssen sich in einen Eichenklotz, und zwar ohne dass ein Loch vorgebohrt worden wäre, bis an den Kopf eintreiben und wieder herausziehen lassen, ohne dass ein Bruch des Nagels eintreten darf.

Zur Hälfte in einen Eichenklotz eingetrieben, müssen sich die Nägel um 45° biegen und wieder gerade richten lassen, ohne anzureissen oder zu brechen.

Ferner dürfen die Nägel, wenn sie zur Hälfte ihrer Schaftlänge in einen Eichenklotz eingetrieben und mittelst eines scharfen Werkzeuges angehauen werden, beim Biegen bis zu einem Winkel von 45° nicht brechen; sie dürfen nur anreissen.

Von je 1000 Stück zur Uebernahme gelangten Nägeln ist ein Stück der Reihe nach je einer der drei Proben zu unterwerfen.

Die Prüfung auf absolute Festigkeit und Contraction hat wieder mittelst Versuchsstäben zu erfolgen, welche aus dem Quadrateisen, das zur Anfertigung von Nägeln bestimmt ist, nach Skizze 2 durch Schmieden und Stauchen herzustellen sind. Die Schaftlänge des Versuchsstabes darf auch bei diesen Stäben keinerlei Bearbeitung unterzogen werden.

Diese Versuchsstäbe sind in solcher Anzahl anzufertigen, dass auf je 10.000 Stück Hakennägel eine Probe entfällt.

Versicherungsplättchen. Bei der Lieferung von Bolzen, welche mit Versicherungsplättchen versehen sind, müssen auch letztere erprobt werden, dies in der Art, dass die Plättchen eingespannt, sich dreimal in einem und demselben Querschnitte um 90° aufbiegen und wieder gerade richten lassen, ohne zu brechen oder anzureissen.

Auf diese Weise ist von je 1000 gelieferten Versicherungsplättchen eines zu prüfen.

Im Vorstehenden sind die Proben, welche bei der Uebernahme einer jeden einzelnen Gattung dieser Oberbau-Bestandtheile vorzunehmen sind, angeführt. Wo mehr als eine Probe für die einzelne Gattung angeführt ist, soll mit dem Probestücke der ersten Partie die erste, mit jenem der zweiten die zweite Probe u. s. w. ausgeführt und dieser Vorgang stets wiederholt werden.

Wenn nun bei dieser Prüfung ein Probestück den hier gestellten Anforderungen nicht genügen sollte, so sind der betreffenden Partie so viele Stücke, als einzelne Proben angeführt sind, nochmals zu entnehmen und die Proben sind der Reihe nach zu wiederholen. Wenn hiebei auch nur eines der Stücke der mit denselben vorgenommenen Probe nicht genügen sollte, so ist die ganze Partie dem Lieferanten zurückzustellen.

In Bezug dieser Proben wird ferner bestimmt, dass, wenn die Durchschnittswerthe sämmtlicher Zerreissproben einer Gattung dieser Materialien die im Vorstehenden normirten Grenzen nicht erreichen sollten, es der Verwaltung vollständig freisteht, dieselben übernehmen zu lassen oder nicht.

Für die Tirefonds und Bolzen aber muss die im § 3 vorgeschriebene absolute Festigkeit von 38 Kg pro 1mm² und eine Contraction von 40 Procent der Einzelproben erreicht werden und der Uebernahms-Commissär entscheidet über Annahme und Nichtannahme nach der im § 3 gegebenen Vorschrift.

Der Lieferant ist verpflichtet, die zu den Proben nothwendigen Apparate, Arbeitskräfte, sowie auch die adjustirten oder nicht adjustirten Probestücke unentgeltlich beizustellen.

§ 4. Anforderungen bezüglich der Genauigkeit der Fabrikation.

In erster Linie muss die Fabrikation die genaue Einhaltung jener Dimensionen und Formen anstreben, welche für die exacte Zusammenfügung der einzelnen Bestandtheile massgebend sind; dieselbe muss aber auch in den nebensächlicheren Dimensionen jede willkürliche und ungerechtfertigte Abweichung vermeiden.

Die Verwaltung gestattet in den massgebenden Dimensionen und Formen durchaus keine Abweichung von der Normalzeichnung und bewilligt in den nebensächlicheren Dimensionen nur Fehler bis zu 1 mm. Sie behält sich ausdrücklich das Recht vor, wenn bei einer Lieferung grössere Abweichungen, als die eben besprochenen vorkommen sollten, die ganze Lieferung zurückweisen zu dürfen.

Im Nachfolgenden sind nun die Toleranzen, sowie die Anforderung an die Güte der Fabrikation näher präcisirt.

L a s c h e n. In den Dimensionen, welche die richtige Lage, Neigung, Grösse und Form der Anschlussflächen an die Schienen bedingen, sowie auch in der Lage und Grösse der Kupplungslöcher und Einklinkungen werden gar keine Abweichungen gegen die Normalpläne gestattet. In allen übrigen Dimensionen aber werden Abweichungen bis zu 1 mm tolerirt.

Die Laschen müssen vollkommen rein und tadellos gewalzt, frei von allen Brandlöchern, Einwalzungen etc. und gut geschweisst sein. Dieselben müssen genau gerade gerichtet und ihre Schnittflächen und Löcher müssen von allen Gräten, Verdrückungen etc. befreit sein.

U n t e r l a g s p l a t t e n. In der gegenseitigen Lage der Löcher, in ihrer Grösse, sowie auch in der Lage derselben zu der Auflagerfläche der Schienen werden gar keine Abweichungen gegen die Normalpläne gestattet. In der Breite der Auflagerfläche wird nur eine Vergösserung derselben von 1 mm tolerirt. In den übrigen Dimensionen können Abweichungen bis 1·5 mm vorkommen.

Auch die Platten müssen vollkommen rein gewalzt, frei von allen Brandlöchern, Einwalzungen etc. und gut geschweisst sein. Die Schnittflächen derselben müssen rechtwinkelig und frei von allen Gräten sein. Desgleichen auch die Löcher. Die Platten müssen vollkommen eben gespannt oder gerichtet zur Uebernahme gelangen.

Hakennägel, Tirefonds. Bei diesen Gattungen von Befestigungsmaterialien sind die grössten Dimensionen des Schaftes, ferner die Form der Flächen, welche auf den Schienenfuss aufliegen, als massgebend anzusehen, und es ist deshalb in diesen Dimensionen keine Abweichung von der Normalzeichnung gestattet. In den übrigen Dimensionen sind Abweichungen bis zu 1 mm tolerirt.

Neben der genauen Einhaltung der Dimensionen müssen diese Befestigungs-Bestandtheile reine scharfe Kanten durch sorgfältiges Befreien von allen Gräten zeigen. Vorzüglich muss das Augenmerk darauf gerichtet sein, die Gewinde der Tirefonds rein und scharfkantig herzustellen und die Verzinkung derselben derart vorzunehmen, dass sie am ganzen Umfange ihrer Flächen von einer gleichmässigen, silberglänzenden Zinkschichte, welche frei von allen Hartzinkflocken sein muss, überzogen sind.

Selbstverständlich muss der Schaft des Nagels sowohl als auch jener des Tirefonds vollkommen gerade sein.

Kupplungsbolzen. Bei diesen ist auf die richtige Grösse des Bolzendurchmessers und auf die richtige Construction der Gewinde nach der Whitworth'schen Schraubenscala das Hauptgewicht zu legen. In den betreffenden Dimensionen werden keine Abweichungen gestattet. In den übrigen Abmessungen sind solche bis zu 1 mm zulässig.

Die Gewinde der Bolzen müssen vollkommen rein, scharfkantig und gleichförmig geschnitten sein. Die Mutter eines beliebigen Bolzens muss auf jeden anderen Bolzen vollkommen passen und müssen von den Gräten an den äusseren Gewindsgängen oder an den Köpfen sorgfältig befreit sein.

§ 5. Werkszeichen.

Auf jedem Stücke der gelieferten Kleinmaterialien ist das Firmazeichen der Werkstätte und die Jahreszahl der Lieferung deutlich einzustanzen.

Das Fabrikszeichen ist der Verwaltung zur Genehmigung vorzulegen.

§ 6. Provisorische Uebernahme.

Die provisorische Uebernahme geschieht auf dem Werke durch einen oder mehrere Beamte der Verwaltung. Sie hat den Zweck, die Kleinmaterialien nach ihrer Beschaffenheit zu untersuchen. Die nach Vollzug der Proben den Vertragsbedingungen entsprechend befundenen Materialien sind als provisorisch übernommen anzusehen.

Für den Transport sind die gelieferten und übernommenen Befestigungsmaterialien zn verpacken, und zwar sind je 5 Winkellaschen, je 10 flache Laschen und je 20 Unterlagsplatten mittelst Drahtes zu einem Bunde zu vereinigen. Die Hakennägel, Tirefonds und Bolzen sind in Kisten zu je 500 oder 300 Stücken zu verpacken. Die Kisten sind mit fortlaufenden Zahlen zu bezeichnen und auf denselben ist die Anzahl und Gattung des verpackten Materials, dessen Nettogewicht, sowie auch das Totalgewicht des Materials sammt der Kiste ersichtlich zu machen.

Die Verpackungsmittel, also Kisten und Binddraht, werden nicht separat vergütet; dieselben dürfen auch nicht mit den gelieferten Materialien mitgewogen, demnach zu dem Nettogewicht des Materials hinzugerechnet werden.

Ueber die vollzogene Uebernahme ist sofort ein Protokoll, das ist ein Uebernahmsbefund, zu verfassen, welcher das Datum der Uebernahme, die Stückzahl und das Gewicht der übernommenen Materialien zu enthalten hat. Dieses Protokoll ist vom Lieferanten und vom Uebernahmsbeamten zu fertigen.

§ 7. Ausmass und Berechnung.

Das Normalgewicht der Befestigungs-Bestandtheile wird durch den Agenten der Verwaltung im Beisein des Lieferanten oder dessen Stellvertreters aus dem Gewichte von 100 Stück vollständig tadellosen und vollkommen masshaltigen Materialien der betreffenden Gattung erhoben und protokollarisch festgesetzt.

Bei jeder Uebernahme wird durch Abwage von 5 bis 10 Procent der übernommenen Materialien constatirt, ob das Normalgewicht eingehalten ist.

So lange bei der Uebernahme einzelner Partien einer Lieferung das durch diese Stichproben sich ergebende Effectivgewicht um nicht mehr als zwei Procent ($2^o/_o$) von dem aus dem Normalgewichte sich ergebenden Gesammtgewichte abweicht, wird das Effectivgewicht bezahlt. Ein Mehrgewicht über zwei Procent wird nicht bezahlt.

Ergibt sich ein Mindergewicht von mehr als zwei Procent ($2^o/_o$), so steht der Verwaltung das Recht zu, die ganze Partie zu verwerfen; nimmt sie jedoch die Lieferung an, so wird nur das Effectivgewicht bezahlt.

Das Total-Effectivgewicht der ganzen Lieferung darf aber das aus dem Normalgewichte berechnete Gesammtgewicht nur um ein Procent übersteigen. Ein sich etwa ergebendes Mehrgewicht wird nicht bezahlt.

Das nach diesem Vorgange erhobene Gesammtgewicht wird der Berechnung zu Grunde gelegt.

§ 8. Transport.

Die auf dem Werke übernommenen Kleinmaterialien sind sofort durch den Lieferanten auf seine Kosten und Gefahr an die im Vertrage bestimmten Ablieferungsorte zu versenden.

§ 9. Dauer der Garantie.

Das Werk garantirt für die Befestigungsmaterialien während . Jahren von der mittleren Zeit der Lieferung an gerechnet. Alle Kleinmaterialien, die während dieser Zeit schadhaft werden, sobald die Ursache des Schadhaftwerdens im Materiale oder der Fabrikation gelegen ist, müssen über Verlangen der Verwaltung und zwar in einem von ihr festgesetzten Termine von längstens drei Monaten auf Kosten des Lieferanten ersetzt, oder nach dem Vertragspreise in Abrechnung gebracht werden.

Die beschädigten Kleinmaterialien werden in jener Station zur Disposition des Lieferanten gestellt, wohin sie seinerzeit geliefert wurden. Die Ersätze sind von demselben in die gleiche Station wieder einzuliefern.

Diejenigen Kleinmaterialien, für welche Ersatz zu verlangen die Gesellschaft nicht für gut finden sollte, werden einfach mit dem Vertragspreise von der Rechnung in Abzug gebracht.

§ 10. Definitive Uebernahme.

Die Verantwortlichkeit des Lieferanten hört erst nach der definitiven Uebernahme auf. Dieser geht nach Ablauf der Garantiefrist eine contradictorische Untersuchung voran, und zwar auf Ansuchen und in Abwesenheit oder Anwesenheit des formell dazu eingeladenen Vertreters.

Wenn drei Monate nach dem gehörig bezeugten Ansuchen des Lieferanten oder dessen Vertreters die contradictorische Untersuchung nicht gemacht worden ist, so ist die definitive Uebernahme als erklärt zu betrachten, mit Ausnahme derjenigen Stücke, für welche formelle Reclamationen an ihn gerichtet worden sind.

§ 11. Aufsicht über die Fabrikation.

Der Fabrikant hat den Beamten der Verwaltung freien Eintritt in seine Werkstätte zu gestatten. Diese Beamten dürfen über die ganze Zeit der Fabrikation in der Werkstätte bleiben, daselbst Tag und Nacht Aufsicht ausüben und diejenigen Versuche vornehmen, welche nöthig sind, um zu erkennen, ob alle diese Bedingnisse in Hinsicht auf die gute Qualität und Widerstandsfähigkeit des Materiales und auf die gute Fabrikation genau erfüllt werden. Es steht ihnen das Recht zu, auf die Abstellung aller Vorgänge bei der Fabrikation zu dringen, welche den Bedingnissen nicht entsprechen.

Es versteht sich, dass diese Bemerkungen, welche die Beamten zu machen haben, an den Director und nicht an Arbeiter zu richten sind.

§ 12. Verantwortlichkeit des Lieferanten.

Die von den Beamten der Verwaltung im Werke ausgeübte Aufsicht, die Untersuchungen und Proben haben in keinem Falle eine Verminderung der Verantwortlichkeit des Fabrikanten zur Folge; diese bleibt bis nach vollständiger Erfüllung der im Paragraph 10 festgestellten Bedingungen aufrecht.

§ 13. Abweichung von den Bedingungen.

Keine Abweichung von gegenwärtigen Bedingnissen wird zugegeben, ausser dieselbe ist befohlen oder erlaubt durch einen schriftlichen Erlass der Verwaltung.

Befestigungsarten der Radreifen an Eisenbahnrädern.

Die Befestigungsweise der Radreifen an den Eisenbahnrädern soll im Allgemeinen dreierlei Aufgaben erfüllen:

1. das Abspringen der einzelnen Stücke des gebrochenen Reifes verhindern;

2. die Verschiebung des Reifes parallel zur Waggonachse hintanhalten;

3. schliesslich eine Drehung des Radreifes auf dem Radstern, um den Radmittelpunkt, verhindern.

Die erste und zweite Aufgabe erscheint in den meisten Fällen unter Einem gelöst und zwar durch die verschiedensten Constructionen, die sich ihrer Wesenheit nach in folgende Unterabtheilungen zusammenfassen lassen:

A. Schwalbenschwanzförmiger oder nuthartiger Eingriff des entsprechend geformten Unterreifes in den Oberreif. Die Nuthen sind so angeordnet, dass sich der Oberreif von einer Seite aus aufziehen lässt. Der Schluss der Construction erfolgt auf verschiedene Weise und zwar:

1. Durch Ueberbördelung des Oberreifes über den Unterreif: Fig. 107, 108, 109, 110, 120, 121, 123, 133 und 138.

2. Durch Ueberbördelung des Unterreifes: Fig. 100.

3. Durch einen flachen, senkrecht stehenden Sprengring mit Schlusskeil: Fig. 80 und 87.

4. Durch einen konischen Sprengring mit Schlusskeil: Figur 96, 114 und 115.

5. Durch einen umgebördelten Sprengring: Fig. 79, 112, 126, 127 und 131.

6. Durch Sprengringe, die in keilförmigen Nuthen des Oberreifes durch Zusammenpressen des Oberreifes festgehalten sind und den Unterreif umfassen; Fig. 128, 139 und 140.

7. Durch einen Klammerring: Fig. 85, 86, 88, 90, 103 und 104.

8. Durch einen seitlich eingegossenen Ring: Fig. 99a.

9. Durch einzelne Schrauben: Fig. 97 und 98.

10. Durch einzelne Klammern und Schrauben: Fig. 81.

B. Oberreif und Unterreif sind durch zwei Klammerringe zusammengehalten und zwar ·

1. Die Klammerringe sind durch Schrauben verbunden: Fig. 83, 84, 89, 91, 92, 93, 102, 129 und 130.

2. Die Klammerringe sind in keilförmigen Nuthen des Ober reifes, welche durch Zusammenpressen des letzteren entstehen, festgehalten: Fig. 118, 119 und 121.

C. Ober- und Unterreif sind durch einen Ring von doppelt schwalbenschwanzförmigem Querschnitt verbunden, der durch Einguss einer leichtflüssigen zähen Metallcomposition in die entsprechend geformten Nuthen entstanden ist: Fig. 99.

D. Eine Flantsche des Oberreifes wird durch einen Klammerring und den Radkörper umfasst und das Ganze durch Schrauben oder Nieten zusammengehalten: Fig. 82 und 136.

E. Eine Flantsche des Oberreifes wird durch zwei Speichen-Center umfasst: Fig. 116, 134, 137 und 143.

F. Oberreif und Nabe werden durch zwei Blechscheiben umfasst und das Ganze durch Schrauben oder Nieten verbunden: Fig. 105 und 142.

G. Oberreif wird durch einen Speichen-Center und eine Blechscheibe umfasst: Fig. 106.

H. Unterreif ist in den Oberreif eingeschraubt: Fig. 95.

Obwohl bei allen diesen Constructionen eine Verschiebung parallel zur Waggonachse verhindert wird, ist bei manchen dieser Befestigungsarten in specieller Weise dagegen vorgesorgt, so bei der Construction Fig, 85, 118 und 119, durch Ansätze des Ober- oder Unterreifes, über welche der Tyres aufgezogen wird, oder durch einen inneliegenden Sprengring, wie in den Fig. 88, 89, 90, 91 und 146.

Die Drehung des Oberreifes auf dem Unterreif um den Radmittelpunkt wird je nach der Constructionsart der Befestigung auf verschiedene Weise verhindert.

Bei Constructionen mit Sprengringen gewöhnlich durch den Schlusskeil, welcher in den Oberreif tiefer als der Sprengring eingreift.

Bei den Befestigungsarten mit umgelegten Sprengringen oder Ueberbördelungen des Ober- oder Unterreifes wird das überbördelte Material stellenweise in rinnenartige Vertiefung hineingepresst, wodurch ebenfalls die Drehung hintangehalten wird.

Bei vielen anderen Constructionen wird die Drehung durch Schrauben, welche durch den Unterreif oder den Klammerring in den Oberreif eingreifen, verhindert.

Was den Werth der einzelnen Constructionen anbelangt, so ist hierüber ein endgiltiges Urtheil nach dem jetzigen Stande der Erfahrungen nicht möglich. Unter den hier besprochenen Constructionen dürften die von Glück & Curant, vom Norddeutschen Eisenbahnverband, von Bork, von Kesseler (Fig. 96), die Blechscheibenräder von Handyside, ferner die Construction von Mansell und einige derselben nachgebildete Befestigungsarten als diejenigen bezeichnet werden, die am besten den gestellten Anforderungen entsprechen.

Beschreibung der einzelnen Constructionen.

F. Asthöwer & Co. in Annen.

Fig. 75, 76, 77 und 78.

Die Bandage ist entweder an den Radstern selbst oder an einen Unterring angegossen. Eine Trennung beider ist daher nicht möglich und ist die Bandage abgenützt, so müssen die durch Guss verbundenen Theile, in manchen Fällen demnach das ganze Rad, entfernt werden. Die Widerstandsfähigkeit des

gegossenen Tyres ist auch eine geringere, wie die eines gewalzten, was sich durch die geringere Bearbeitung der Ersteren
leicht erklärt.

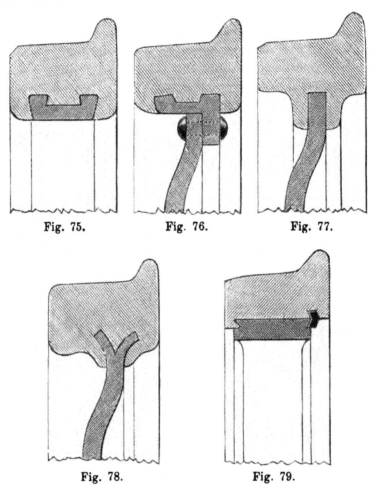

Fig. 75.   Fig. 76.   Fig. 77.

Fig. 78.   Fig. 79.

Norddeutscher Eisenbahnverband.

Fig. 79.

Befestigung auf der einen Seite durch einen schwalbenschwanzförmigen Ansatz des Unterreifs auf der anderen Seite,
von welcher der Oberreif aufgezogen wurde, durch einen umgelegten oder umgebördelten Sprengring. Die Trennung des
Oberreifes vom Radstern kann nur dann stattfinden, wenn der
Sprengring abgedreht wurde.

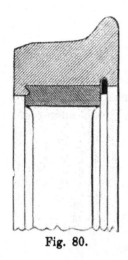

Fig. 80.

Glück & Curant.

Fig. 80.

Befestigung einerseits durch einen schwalbenschwanzförmigen Eingriff des Radsternes in den Oberreif, Schluss der Construction durch einen flachen, senkrecht stehenden Sprengring. Derselbe wird durch einen Schlusskeil in die Nuth und an den Unterreif gepresst. Nach der Entfernung des Schlusskeils ist die Trennung des Rad sternes vom Tyres möglich.

Polonceau.

Fig. 81.

Der Unterreif ist vom Oberreif auf der einen Seite umfasst. Auf der anderen Seite hingegen wird der Ober- und Unterreif

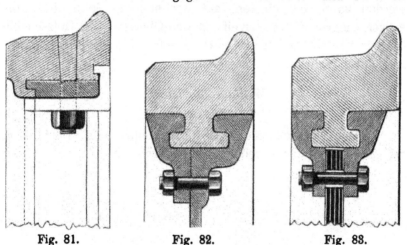

Fig. 81.   Fig. 82.   Fig. 83.

durch einzelne Klammern und durch konisch geformte Bolzen, welche durch Ober-, Unterreif und die Klammern hindurch gehen, zusammengehalten.

Maurice Gaudy.

Fig. 82 und 83.

Der Oberreif ist klammerartig umfasst, entweder durch zwei Klammerringe oder durch einen Klammerring einerseits und durch den entsprechend geformten Radstern andererseits.

Eduard Alexander Jeffreys
Fig. 84 und 85.

Holzscheibenräder mit separatem Unterreif. Oberreif über dem Unterreif einerseits gebördelt oder durch einen Ansatz von geringer Höhe, über welchen der Oberreif noch aufgezogen

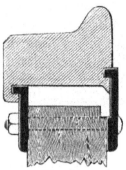 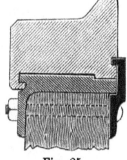

Fig. 84. Fig. 85.

werden kann, festgehalten, auf der anderen Seite ein nuthartiger Eingriff des Unterreifs in den Oberreif. Die Holzscheibe ist zwischen einem Ansatz des Unterreifes und einem Klammerring durch Schrauben festgehalten.

William Stableford.
Fig. 86 und 87.

In den Oberreif sind zwei Nuthen eingedreht. Der Unterreif ist entsprechend geformt und durch einen Spreng- oder

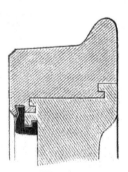 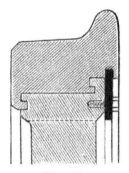

Fig. 86. Fig. 87.

Klammerring festgehalten. Der Klammerring ist hakenförmig im Querschnitt gestaltet und im Oberreif in einer durch Zusammenpressen des letzteren keilförmigen Nuth festgehalten.

Edward Alexander Jeffreys.

Fig. 88, 89, 90, 91, 92, 93 und 94.

Verschiedene Construction mit nuthartigem Eingriff des Unterreifens in den Oberreif und einen Klammerring zum

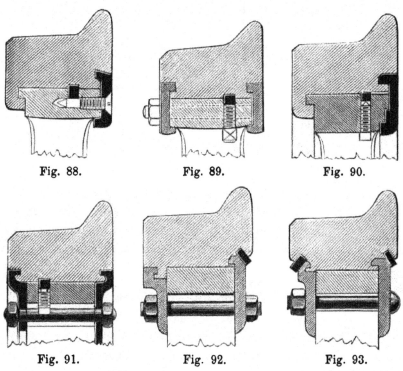

Fig. 88.　　　　　Fig. 89.　　　　　Fig. 90.

Fig. 91.　　　　　Fig. 92.　　　　　Fig. 93.

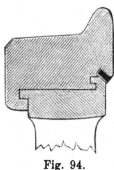

Fig. 94.

Schluss der Construction, oder auch Anord nungen mit zwei Klammerringen, wobei der nuthartige Eingriff entfällt; auch solche mit konischen Sprengringen. Bei einigen dieser Constructionen sind inneliegende Sprengringe angeordnet, welche durch Schrauben in eine Nuth zwischen Ober- und Unterreif ge- hoben werden und dadurch eine Verschie- bung parallel zur Waggonachse hintanhalten.

C. Kesseler.

Fig. 95 und 96.

Der Unterreif ist in den Oberreif mittelst sehr flacher Ge winde eingeschraubt. Um Verschiebungen der auf diese Weise

verbundenen Theile hintanzuhalten, sind die Schraubengänge an
einer Stelle durchgebohrt und die Löcher mit Bolzen versehen.

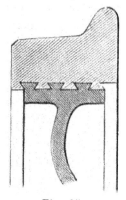

Fig. 95.
Fig. 96. 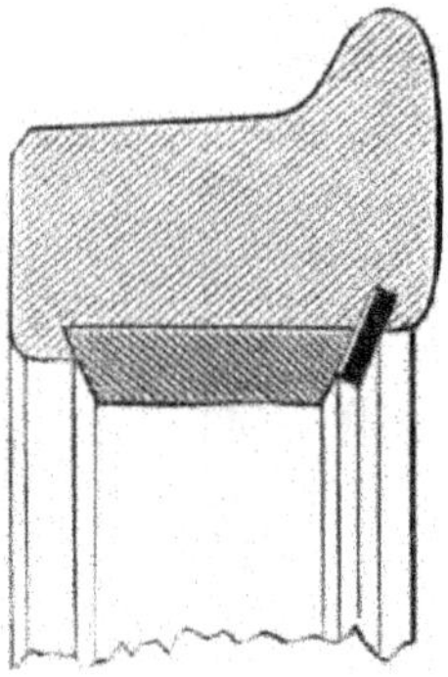

Eine zweite Construction mit einem schwalbenschwanzförmigen Eingriffe einerseits und einem konischen Sprengringe
andererseits. Beide Constructionen gestatten eine Trennung des
Oberreifs von dem Unterreif, ohne dass eine Zerstörung des
Theiles, der beide verbindet, nothwendig wäre.

W. Pole & Fr. W. Kitson.
Fig. 97, 98 und 98a.

Nuthartiger Eingriff des Oberreifs in den Unterreif einerseits, Schluss der Construction durch senkrecht oder schief
gestellte Schrauben.

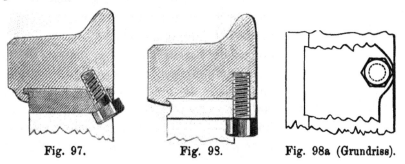

Fig. 97.
Fig. 98.
Fig. 98a (Grundriss).

Edwin Turner & John Ch. Pearce.
Fig. 99 und 99a.

In eine doppelt schwalbenschwanzförmige Nuth, die zur
Hälfte im Oberreif, zur Hälfte im Unterreif liegt, wird eine

leichtflüssige zähe Metallcomposition gegossen und dadurch ein Ring hergestellt, welcher ein Abspringen von Tyrestheilen bei eingetretenem Bruche durch seine Form verhindern soll, durch

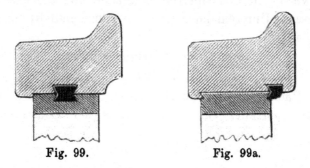

Fig. 99.   Fig. 99a.

das Ausschmelzen des Ringes können beide Theile wieder getrennt werden.

In Deutschland und in Oesterreich ist eine gleiche Construction dem Ingenieur *Kassalovsky* patentirt.

James Murphy.
Fig. 100.

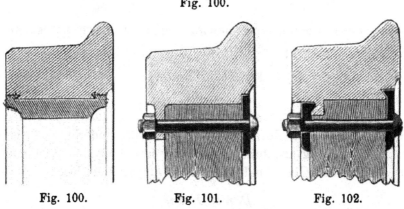

Fig. 100.   Fig. 101.   Fig. 102.

Der Unterreif wird nach dem Aufziehen des Oberreifes beiderseits über einen schwalbenschwanzförmigen Ansatz des Oberreifes gebördelt. Trennung beider Theile ist nur nach dem Abdrehen der den Oberreif umschliessenden Materialpartien des Unterreifes möglich, wodurch gerade der Radkörper, der sonst eine mehrmalige Verwendung zulässt, wenigstens für diese Befestigungsart unbrauchbar wird.

William H. Kitson.

Fig. 101 und 102.

Holzscheibenräder mit ein- oder beiderseitigen Klammerringen, welche in den Oberreif eingreifen und die Holzscheibe
umschliessen. Untereinander sind die Ringe mittelst Schrauben
verbunden.

James Rae & George Miller.

Fig. 103.

Der Radkörper ist von Gusseisen, derselbe greift in eine
Nuth des Oberreifes ein. Der Schluss der Construction ist

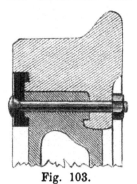

Fig. 103. 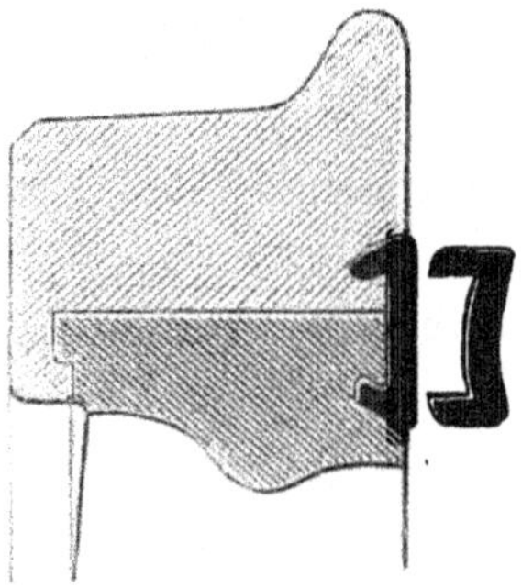   Fig. 104.

durch einen Klammerring bewirkt, welcher durch Schrauben
mit dem Oberreif verbunden ist.

W. Th. Wheatley.

Fig. 104.

Auch bei dieser Construction greift der Unterreif auf einer
Seite in eine Nuth des Oberreifes. Auf der anderen Seite ist
ein Klammerring angebracht, welcher im glühenden Zustande
in Nuthen des Ober- und Unterreifes eingestaucht wird.

Daniel Evans.

Fig. 105 und 106.

Der Oberreif und die Nabe werden von zwei Blechscheiben, welche einerseits eine Flantsche der Nabe umfassen,
andererseits klammerartig in den Oberreif eingreifen, zusammengehalten. Die Blechscheiben sind untereinander durch Schrauben
verbunden, welche durch den Tyres an der Peripherie, durch
die Flantsche der Nabe um den Radmittelpunkt hindurchgehen.

Eine zweite ähnliche Construction desselben Constructeurs besteht darin, dass der Oberreif durch einen Speichen-Center

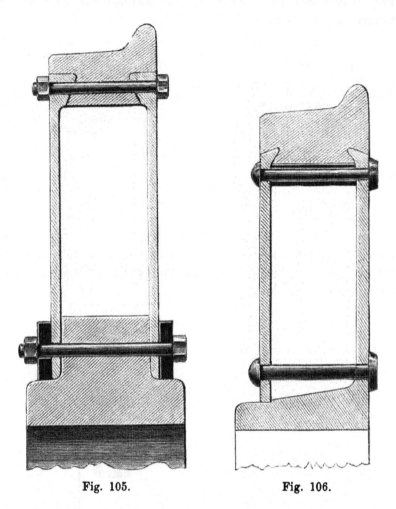

Fig. 105.   Fig. 106.

und eine Blechscheibe klammerartig umfasst ist. Die Verbindung hier ist durch Nieten bewerkstelligt.

Alfred Krupp.

Fig. 107, 108 und 109.

Eingriff des Unterreifes in zwei Nuthen des Oberreifes. Schluss der Construction durch Ueberbördelung des Ueberreifes über den Unterreif.

Bei Constructionen Fig. 108 und 109 ist ausserdem die linke Nuth über den schwalbenschwanzförmigen Ansatz des Unterreifes gepresst.

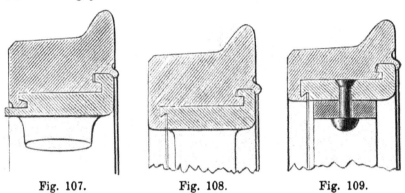

Fig. 107.   Fig. 108.   Fig. 109.

Diese Constructionen gewähren jedenfalls vollständige Sicherheit, nur haben dieselben den Nachtheil, dass der Oberreif nur nach dem Abdrehen aller den Unterreif umfassenden Theile abgezogen werden kann.

Felix von Loeben.
Fig. 110.

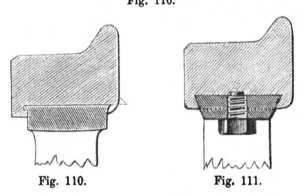

Fig. 110.   Fig. 111.

Auf einer Seite greift der Unterreif in eine Nuthe des Oberreifes; auf der anderen ist der Oberreif über den Unterreif gebördelt.

A. Brenzinger.
Fig. 111.

Bajonnetartiger Verschluss, hiedurch Verbindung des Ober- und Unterreifes. Durch Schrauben ist die Rotation behoben.

Fr. Krupp.

Fig. 112 und 113.

Eingriff des Unterreifes in eine oder zwei Nuthen des Oberreifes. Schluss der Construction in Fig. 112 durch einen

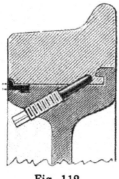

Fig. 112.   Fig. 113.

umgebördelten Ring und den schräg gestellten Bolzen, bei Fig. 113 durch den schräg gestellten Bolzen allein.

Karl Kirchhoff.

Fig. 114 und 115.

Befestigung durch einen oder zwei schräg gestellte Sprengringe. Gegenstand des Patentes dieses Erfinders ist die Befestigung des Sprengringes, welcher einen winkelförmigen Quer-

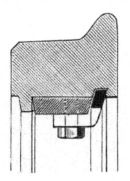

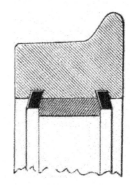

Fig. 114.   Fig. 115.

schnitt hat. Der eine Schenkel bildet das Schlussstück des Ringes, der andere Schenkel liegt auf dem Unterreife auf und ist hier mittelst Stockschrauben befestigt.

John Baillie.
Fig. 116.

Zwei Speichen-Center umfassen klammerartig eine inneliegende Flantsche des Oberreifes und sind hier durch Schrau-

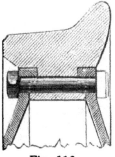 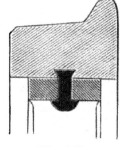

| Fig. 116. | Fig. 117. |

ben, welche auch durch diese Flantsche hindurch gehen,
verbunden.

William Owen.
Fig. 117.

Befestigung an einzelnen Punkten durch Nieten, welche
durch den Unterreif hindurchgehen und in nach unten erwei-
terte Löcher des Oberreifes gestaucht sind.

John Dixon & Robert Clayton.
Fig. 118 und 119.

Befestigung durch Klammerringe, welche in überbördelten
Nuthen des Oberreifes festgehalten, in den Unterreif in Nuthen

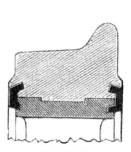 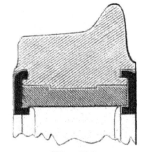

| Fig. 118. | Fig. 119. |

eingreifen, oder denselben umfassen. Zum Schutze gegen seitliche Verschiebung hat der Unterreif einen Ansatz, der Oberreif
eine entsprechende Vertiefung, welche nach dem Aufziehen
des Tyres ineinander greifen.

James Pearson.
Fig. 120, 121, 122, 123 und 124.

Bei diesen Constructionen greift der Unterreif nuthartig oder schwalbenschwanzförmig auf der einen Seite in den Ober-

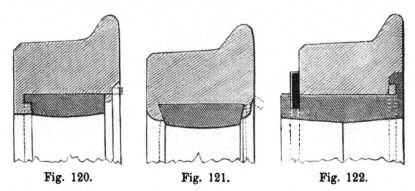

Fig. 120.   Fig. 121.   Fig. 122.

reif. Der Schluss der Construction erfolgt auf der anderen Seite entweder durch Ueberbördelung des Oberreifes wie in Fig. 120, 121 und 123 oder durch einen Sprengring wie in den Fig. 122 und 124.

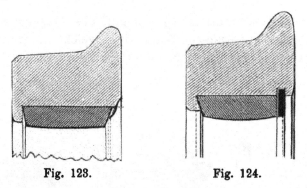

Fig. 123.   Fig. 124.

Der Sprengring in Fig. 124 ist in einer Nuth des Oberreifes festgehalten.

John Olive & William Olive.
Fig. 125 und 126.

Ein einfach schwalbenschwanzförmiger Eingriff des Unterreifes in den Oberreif. Der Schluss der Construction erfolgt in Fig. 125 durch konische, in den Unterreif eingeschraubte Bolzen, in Fig. 126 durch einen umgebördelten Sprengring.

William Owen.
Fig. 127.

Schwalbenschwanzförmiger Eingriff des Unterreifes in den
Oberreif. Schluss der Construction durch einen umgebördelten

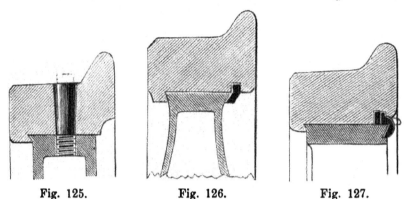

| **Fig. 125.** | **Fig. 126.** | **Fig. 127.** |

Ring, welcher im Oberreif durch einen zweiten Ring festgehalten ist.

John Martin Rowan.
Fig. 128.

Schwalbenschwanzförmiger Eingriff des Radkörpers in den
Tyres, Schluss durch einen Sprengring, welcher in einer durch
Ueberbördelung gebildeten Nuth festgehalten wird.

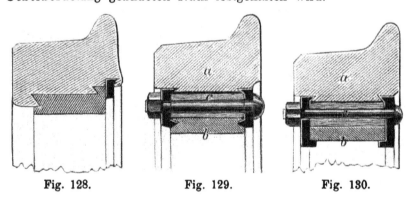

| **Fig. 128.** | **Fig. 129.** | **Fig. 130.** |

Richard Christopher Mansell.
Fig. 129 und 130.

Befestigung mittelst zweier Klammerringe und Schrauben.
Zwischen Ober- und Unterreif ist ein Holzring eingeschaltet,
durch den ein sanfteres Fahren bezweckt werden soll.

Fr. W. Kitson & J. Kitson the Younger.

Fig. 131.

Schwalbenschwanzförmiger Eingriff des Radkörpers in den Tyres einerseits, andererseits Befestigung durch einen umgebogenen Ring.

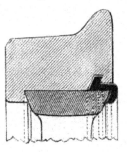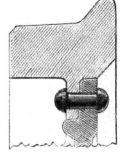

Fig. 131. Fig. 132.

Charles de Bergue.

Fig. 132.

Eine inneliegende Flantsche des Oberreifes ist mittelst Nieten mit dem Radkörper verbunden.

Emanuel Wharton.

Fig. 133, 134, 135.

Schwalbenschwanzförmiger Eingriff des Unter- in den Oberreif. Die Bandage wird an der Seite, von welcher der Stern eingesetzt wurde, über diesen gehämmert.

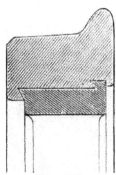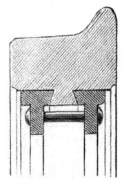

Fig. 133. Fig. 134. Fig. 185.

In Fig. 134 und 135 umfassen zwei Speichen-Center, die an der Nabe und der Peripherie vernietet sind, eine schwalbenschwanzförmige Innenflantsche des Oberreifes.

Josiach Penton & James Mackay..

Fig. 136 und 137.

Eine Innenflantsche des Oberreifes wird vom Radkörper und einem Klammerring, mit welchem derselbe vernietet ist,

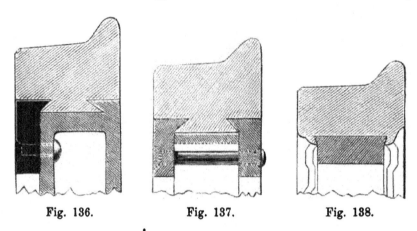

Fig. 136.   Fig. 137.   Fig. 138.

umfasst, oder zwei Speichen-Center, die untereinander vernietet sind, umfassen diese Flantsche.

John Gibson.

Fig. 138, 139, 140 und 141.

Fig. 138: Schwalbenschwanzförmige Umklammerung des Unterringes durch partielles Niederhämmern.

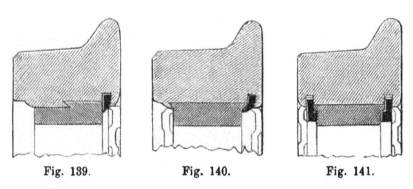

Fig. 139.   Fig. 140.   Fig. 141.

Fig. 139: Einfacher Schwalbenschwanz in der Mitte, Schluss durch Sprengring, welcher durch partielles Niederhämmern festgehalten ist.

Fig. 140: Im Principe ganz gleich der in Fig. 139 dar
gestellten Construction.

Fig. 141 : Zwei Sprengringe von hakenförmigem Querschnitt, die durch Zusammendrücken der Nuthen in dem Oberreif mit ihren Keilflächen festgehalten werden.

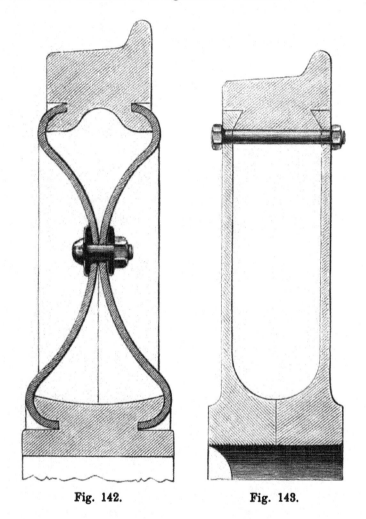

Fig. 142.   Fig. 143.

James Baird Handyside.

Fig. 142.

Zwei bauchig gepresste Blechscheiben umfassen Nabe und
Tyres und sind mit Schrauben verbunden.

Edward Brown Wilson.

Fig. 143.

Zwei Speichen-Center umfassen eine Innenflantsche des Oberreifes und sind an der Peripherie und an der Nabe durch Schrauben verbunden.

William Bridges Adams.

Fig. 144, 145, 146 und 147.

Bei diesen Constructionen sollen die Reifen auf den Radkörpern rotiren können. Die in den Fig. 146 und 147

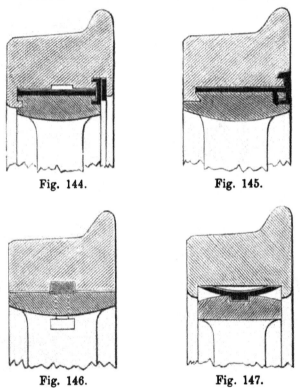

Fig. 144.   Fig. 145.

Fig. 146.   Fig. 147.

dargestellten Constructionen schützen vor dem Abspringen nicht.

Inhalts-Verzeichniss.

Die

Absteckung von Strassen- und Eisenbahncurven

mit und ohne Benutzung eines

Winkelinstrumentes

Von

Wilhelm Becker,
Ingenieur.

kl. 8. Mit einer Tafel. Preis 80 kr. = 1 Mark 60 Pf.

Die Dampf-Tramway.

Einfluss auf das öffentliche Interesse, ihr Bau und Betrieb.

Ein Beitrag zur Lösung der Localbahnfrage

von

Josef Stern,
Ingenieur.

gr. 8. Mit 5 lithogr. Tafeln. Preis 2 fl. = 4 Mark.

Die Oekonomik der Localbahnen.

Allgemeine Grundsätze

zur

Ermöglichung einer rationellen ökonomischen Durchführung unserer Localbahnen; volkswirthschaftlich und technisch beleuchtet.

Gemeinfasslich dargestellt von

Josef Stern,
Ingenieur.

gr. 8. Preis 1 fl. 50 kr. = 3 Mark.

Ueber einige Einrichtungen

für

Mechanisches Verschieben

in Verwendung

auf der Französischen Nordbahn.

Von

Max von Hornbostel,
Betriebsbeamter der k. k. Direction für Staatseisenbahn-Betrieb in Wien.

gr. 8. Mit 6 Figuren auf 4 lithogr. Tafeln. Preis 1 fl. = 2 Mark.

CPSIA information can be obtained
at www.ICGtesting.com
Printed in the USA
BVOW06s1733201217
503317BV00034B/1370/P